# HARALD LESCH
# KLAUS KAMPHAUSEN

# DENKT MIT!

## Wie uns Wissenschaft in Krisenzeiten helfen kann

 PENGUIN VERLAG

Penguin Random House Verlagsgruppe FSC® N001967

1. Auflage 2021
Copyright © 2021 Penguin Verlag
in der Penguin Random House Verlagsgruppe GmbH,
Neumarkter Str. 28, 81673 München

Lektorat: Anne Tucholski
Umschlaggestaltung: Büro Jorge Schmidt, München
Satz: Andrea Mogwitz
Druck und Bindung: GGP Media GmbH, Pößneck
Printed in Germany
ISBN 978-3-328-60221-7
www.penguin-verlag.de

 Dieses Buch ist auch als E-Book erhältlich.

»Eine Öffentlichkeit, die nicht versteht, wie
Wissenschaft funktioniert, kann allzu schnell
den Unwissenden und Blendern verfallen,
die sich über das lustig machen, was sie
nicht verstehen, oder den Demagogen, die
Wissenschaftler als die Söldner unserer
Tage bezeichnen. Der Unterschied zwischen
Verstehen und Unverständnis gleicht
dem Unterschied zwischen Respekt und
Bewunderung auf der einen Seite und Hass
und Angst auf der anderen.«

*Isaac Asimov*

# Inhalt

Vorwort                                        9

Ein Plädoyer                                  13

Was ist da?                                   22

Handeln und sich emporirren                   29

Das offene Gespräch                           38

Absolute Kontrolle?                           44

Monotonie der Modelle                         54

Eine verzerrte Sicht                          62

Eine Stimme zur Entscheidungsfindung          71

Der Mensch kommt auf die Welt …               80

Aufruf zum Gespräch                           86

Ethik in komplexen Zeiten                     99

Wie kann die Gesellschaft Wissenschaft
verstehen lernen?                            117


Anmerkungen                                  126

Über die Autoren                             128

# Vorwort

Naturwissenschaften beschreiben die Natur. Sie forschen, sammeln Daten, erbringen faktenbasierte Beschreibungen, stellen Thesen auf, überprüfen sie im Experiment, verwerfen sie oder befinden sie dann für richtig. Sie finden irgendwann heraus, dass die Spaltung eines Atomkerns Unmengen an Energie freisetzt oder kommen zu der Erkenntnis, dass zu hohe Mengen an Treibhausgasen das Klima erwärmen, so sehr, dass es für alle, Mensch und Natur, schlimme Folgen haben könnte.

Die Verantwortung der Wissenschaft ist die Aufklärung, die Information, der Diskurs mit der Politik und mit der Gesellschaft. Je krisenhafter eine Situation ist, ob jetzt der Klimawandel oder die COVID-19-Pandemie, desto bedeutender, desto gewichtiger sind Handlungsempfehlungen basierend auf naturwissenschaftlichen Erkenntnissen.

Manche aber sehen eben das als ein Hoheitsgebiet der Geisteswissenschaften und, weiter gefasst, der Künste an, nämlich ethische Leitlinien und Handlungsempfehlungen zu geben, die auf der grundlegenden Auseinandersetzung zwischen Gut und Böse, zwischen Frei und Unfrei in allen Facetten beruhen. Aus diesen existenziellen Fragen sollen sich Naturwissenschaftler bitte heraushalten. Was wissen denn die über das Leben, das Gute, das Böse, das Richtige, das Falsche, über Freiheit und Unfreiheit.

Naturwissenschaftlern wird so von Geisteswissenschaftlern manchmal mangelndes dialektisches Denken vorgehalten. Aber Naturwissenschaften funktionieren nicht nach Hegels These-Antithese-Synthese-Prinzip, sondern nach einem empirischen, axiomatischen Prinzip.

Philosophen können über Freiheit philosophieren, können Thesen darüber aufstellen, wann der Mensch frei ist oder wie er sich innerlich selbst befreien kann. Auf Basis naturwissenschaftlicher Erkenntnisse dagegen kann die Technologie Autos oder Flugzeuge oder Telefone oder Computer oder Häuser bauen und den Menschen so Handlungsmöglichkeiten eröffnen, also ein direktes Freiheitsgefühl verschaffen.

Philosophen können über das Licht, über Hell und Dunkel philosophieren, aber Naturwissenschaftler können elektrischen Strom entdecken und Glühbirnen erfinden, damit die Philosophen auch nachts weiterlesen und schreiben können.

Naturwissenschaften haben vielleicht viel mehr und andere Freiheitsräume geschaffen als die Geisteswissenschaften, nämlich Wohnen, Mobilität, Kommunikation und last, but not least auch gesünderes und damit längeres Leben.

Die Freiheiten der Naturwissenschaften sind dabei im Gegensatz zu den Freiheiten der Geisteswissenschaften und, noch deutlicher, den Freiheiten der Künste, immer begrenzt. Beispiel: Die Erde ist eine Kugel. Dies lässt sich durch Messungen mit präzisen optischen Instrumenten und der Anwendung mathematisch formulierter Gesetze zweifelsfrei bestätigen.

Wieso gilt es inzwischen als selbstverständlich, dass die Erde eine Kugel ist und keine Scheibe, dass die Erde sich um die Sonne dreht und nicht die Sonne um die Erde? Ansichten übrigens, für die man noch vor 500 Jahren auf dem Scheiterhaufen gelandet wäre. Und nein, das Coronavirus ist keine Strafe eines zürnenden Gottes, sondern eine Zoonose.

Erkenntnisse dieser Art haben wir der Neugier, dem Forschen der Naturwissenschaften zu verdanken. Und obwohl wir aufgeklärte Menschen mit einem naturwissenschaftlichen Grunddenken sind, hält uns das nicht davon ab, Literatur aus einer Zeit zu lesen, als die Autorin oder der Autor noch in einem vollkommen anderen Weltverständnis lebten, zum Beispiel eben, dass sich die Sonne um die Erdscheibe dreht.

Wenn aber in Krisenzeiten die Naturwissenschaftler als die neuen Klerikalen, als engstirnige Ideologen kritisiert werden, dann wird es brenzlig. Denn diese Kritik leistet indirekt Verschwörungstheoretikern Vorschub, und dann wundert es nicht, wenn Virologen am Telefon, im Internet oder ganz öffentlich auf Demonstrationen mit dem Tod bedroht werden, wenn gefordert wird, dass sie eingesperrt werden und mit ihnen zusammen unsere Regierung, allen voran unser Gesundheitsminister. Das ist unerträglich.

# Ein Plädoyer

»Die ökologische Krise, vor allem der Klimawandel, ist keine Übertreibung oder Phantasie von jemandem, der sich den Spaß macht, die Stabilität zu schwächen. Die wissenschaftlichen Analysen sind zu lange ignoriert oder abfällig-ironisch kommentiert worden.«

Papst Franziskus, »Das grüne Alphabet von Papst Franziskus«

»Wir werden in ein paar Monaten einander wahrscheinlich viel verzeihen müssen.«

Bundesgesundheitsminister Jens Spahn zu den Maßnahmen der Politik in der Coronapandemie, April 2020

Der Welt offenbart sich wie lange nicht mehr die Bedeutung von Wissenschaft und Forschung. Das Virus SARS-CoV-2 macht es möglich. Das ist vielleicht eine der wenigen guten Nachrichten in der aktuellen Krise.

Die Naturwissenschaften sind im Laufe der

Pandemie fundamental unter Beschuss geraten – von Populisten, von Ideologen, von Schwätzern. Ein 100 Nanometer großes Virus zeigt uns aber mit aller Gewalt: Sachfragen über die Natur lassen sich nicht durch Tradition, Ideologie, Träume, Visionen, Parteiprogramme oder irgendwelche anderen menschlichen Interessen beantworten, sondern nur durch Fakten, Fakten aus der Forschung.

Eine der grundlegenden Erkenntnisse der Naturwissenschaften ist es, dass wir mit der Natur, in welcher Form auch immer, weder kommunizieren noch verhandeln können, weder mit Viren noch mit Klimasystemen. Hier gibt es keine demokratischen Abstimmungen, keine Diskussionen oder Debatten. Wir können mit der Natur keine *Deals* machen. Wir können ihr durch Experimente und Beobachtungen quantitative Fragen stellen. Wir können also zählen: Phänomene, Teilchen, Viren oder anderes. Die gezählten Mengen können wir in mathematische Verhältnisse setzen und auf diese Weise Prognosen für die Zukunft erstellen. Diese können dann Diskussionsstoff für die Medien, vor allem aber Arbeitsmaterial für die Politik sein.

Wunderbarerweise gibt die Natur nämlich quantitative Antworten, wenn wir die richtigen

Fragen stellen. Wenn! Denn was dabei zählt, ist allein das Experiment. Nicht Meinung, Religion oder Hoffnungen. Bei Sachfragen geht es um Messwerte und nicht um politische Programme. Kein Generalsekretär, keine Generalsekretärin und kein noch so lauter Wunsch von irgendwem wird an der exponentiellen Verbreitung eines Virus oder an der Klimakatastrophe etwas ändern. Und diese Härte des empirischen Arguments wird jetzt auch politisch, weil sie für die Polis, die Gesellschaft, Relevanz gewinnt. Umso wichtiger ist es, echte von Scheinexperten unterscheiden zu können.

Die, die so tun als ob, die Scheinexperten, verstehen sich oft als Rufer in der Wüste, als die Einzigen, die im Besitz der Wahrheit sind. Entscheidend aber ist: Hier geht es nicht um Labormessungen und deren Fehlergrenzen oder die Qualität statistischer Analysen. Sondern es geht um Unterstellungen – und zwar von Beginn an. Scheinexperten verbreiten ihre eigene Agenda und stehen selbst dann zu ihren Irrtümern, wenn diese sich längst als Fehler erwiesen haben. Obschon alle wissen, dass die Erde eine Kugel ist, dass die Amerikaner auf dem Mond gelandet sind und dass die Flugzeuge am Himmel keine bewusstseinsverändernden Substanzen versprühen, bleibt dieser Unsinn in der Welt. Die Homepages und Social-Media-Kanäle werden weiter mit Falschinformationen gefüttert. Der amerikanische Philosoph Harry G. Frankfurt hat es einmal so formuliert: »Bullshit ist immer dann unvermeidbar, wenn die Umstände Menschen dazu zwingen, über Dinge zu reden, von denen sie nichts verstehen.«[1] Und so kann jeder, der will, weiter behaupten, dass das neuartige Coronavirus nicht gefährlicher als eine harmlose Grippe sei. Fakten zu leugnen ist gerade in Krisenzeiten populär, aber leider auch gefährlich und pervers, weil es die Krise befeuert, anstatt sie zu bekämpfen.

Die echten Experten sprechen nicht von Wahrheit, sondern von evidenzbasierten Erkenntnissen. Hierbei werden unabhängige, zumeist internationale Untersuchungen verschiedener Gruppen auf Konferenzen und Symposien ausführlich debattiert. Nicht um jemanden mundtot zu machen, sondern um Zweifel auszuräumen, neue Fragen zu stellen und weiterforschen zu können. Die echten Experten sind viel zurückhaltender als die selbst ernannten Experten. Aber *wenn* sie einmal etwas als richtig erkannt haben, dann stehen sie auch dazu.

Die empirischen Wissenschaften sind das erfolgreichste *Erkenntnisunternehmen* in der Geschichte der Menschheit. Nie haben wir so viel über die Natur, ihre Systematik und ihre Bausteine gewusst. Die immer wieder aufs Neue überprüften Details von noch so winzigen materiellen Strukturen, belebt oder unbelebt, sind für uns heute kein Buch mit sieben Siegeln mehr. Und alle Menschen auf der Welt profitieren davon. Das ist der Triumph der Naturwissenschaften.

Die echten Wissenschaftler haben allerdings im Vergleich zu den Scharlatanen der Pseudowissenschaften einen entscheidenden Nachteil: Wissenschaftliche Arbeit bringt selten unmittelbaren Erfolg. Die Experimente und ihre Auswertungen erfordern eine für den Laien oft kaum nachvollziehbare Sorgfalt, Genauigkeit und Zeit. Immer wieder müssen Messungen wiederholt, Fehler identifiziert und ausgemerzt werden. Immer wieder aufs Neue werden alte Hypothesen geprüft und neue Hypothesen aufs *Schafott* des Experiments gesetzt. Bestätigen sich die Vorhersagen, fällt die Guillotine nicht. Der Philosoph und Physiker Gerhard Vollmer hat diese Art der immerwährenden schärfsten Überprüfung mit dem Bonmot charakterisiert: »Wir irren uns empor.«[2] Das bedarf Zeit.

Jetzt irren wir uns also mit den Berichten und Ergebnissen der Messungen, Analysen und Experimente aus der Virologie und Epidemiologie, der Wissenschaft von den Viren und ihren lokalen und globalen Auswirkungen auf Tiere und Menschen, empor. Was für ein Forschungsgebiet!

Dabei vergessen wir immer noch und viel zu oft, dass wir ein Teil der Natur sind und dass wir ohne eine in ihren vernetzten, komplexen Prozessketten funktionierende, natürliche Umwelt als Spezies gar nicht überleben würden. Und deshalb sind diese Wissenschaften von der Natur zwischen Leben und Tod, den Viren, so wichtig. Denn wenn wir Netzwerke und Ökosysteme verändern, ja sogar ganz ruinieren, dann hat das Auswirkungen, auch auf das Reich zwischen Leben und Tod, auf die Viren. Ihre Verwandlungsfähigkeit ist nämlich grandios.

In der Krise gerät die Wissenschaft an ihr Limit. Deshalb braucht sie in einer solchen Situation die Gesellschaft und ihr Verständnis für Verhaltensmaßnahmen, die die Verbreitung des Virus möglichst effizient verhindern: die des realen Virus und die des Virus unsinniger Informationen.

Um die Dringlichkeit des Verständnisses für ein

gemeinsames Handeln zu unterstreichen, sei an dieser Stelle darauf hingewiesen, dass die Coronapandemie eine Naturkatastrophe ist. Tsunamis, Erdbeben, Hurrikans, Lawinen, Vulkanausbrüche oder Überflutungen werden von Menschen als gefährliche Naturkatastrophen, vor denen es sich mit allen Mitteln zu schützen gilt, wahrgenommen. Die Coronapandemie hingegen bleibt, weil von einem Virus verursacht, im wahrsten Sinne des Wortes als Naturkatastrophe für viele unsichtbar.

Dieses Plädoyer und eine so deutliche Position proempirischer Forschung darf natürlich kritisiert werden. Es muss ja niemand dieser Meinung sein. Wer die empirischen Wissenschaften jedoch denunziert und ihnen heute noch vorwirft, sie würden über ihr mechanistisches Weltbild nicht hinausdenken, der hat offensichtlich noch nicht bemerkt, wie ganzheitlich Naturwissenschaften inzwischen forschen. Jeder guten Naturwissenschaftlerin, jedem guten Naturwissenschaftler ist heute klar, dass die Natur der größte Seinszusammenhang überhaupt ist. Und aus diesem Bewusstsein heraus werden Naturwissenschaften praktiziert und deren Ergebnisse und Erkenntnisse kommuniziert.

Seit Beginn der COVID-19-Pandemie haben sich immer wieder Stimmen publizistisch Gehör verschafft, die die Stimmen aus der Wissenschaft zurückdrängen wollen. Am liebsten wäre ihnen, dass die evidenzbasierte Wissenschaft sich wieder ins Labor verzieht und nicht in Talkshows oder anderen öffentlichen Gesprächsrunden immer wieder ihre Stimme erhebt.

Die Forscher, so die Forderung dieser Kritiker, sollen forschen und nicht wie Priester predigen. Aktuell sind es Virologen und Epidemiologen, aber auch Klimaforscher, denen gewissermaßen publizistisch die *Rote Karte* gezeigt wird: Sie sollten sich aus dem öffentlichen Diskurs heraushalten und sich am besten in ihre *geschlossenen Anstalten* zurückziehen, um dort zu forschen.

Anscheinend sind die Urheber solcher Kritik ungehalten über den gewachsenen Einfluss evidenzbasierter Wissenschaft. Und sie wissen offenbar auch nicht viel über diesen Teil der intellektuellen und akademischen Welt. Sie wissen weder, wie empirische Forschung funktioniert, noch, wie sie durchgeführt wird. Insbesondere aber scheint ihnen die eminente Bedeutung empirischer Naturforschung für unser aller Leben nicht klar zu sein: Sie ist Grundlage unseres modernen Lebens. Dieses nämlich ist geprägt durch eine enorme Technisierung des Alltags, was die Mobilität, die Kommunikation und auch die Sicherheit bezüglich natürlicher Gefahren betrifft. Ohne die sehr genaue Kenntnis und Erkenntnis der Tatsachen wäre das alles nicht möglich. Und wir verdanken diese Fakten der evidenzbasierten Natur- und Technikwissenschaft.

Wir alle profitieren also ganz entscheidend von den Erkenntnissen der Naturwissenschaften. Gleichzeitig zeigen die Vorwürfe, wie wenig bekannt ihre Erkenntniswege, aber auch aktuelle Forschungsansätze sind. Deshalb haben wir uns für eine Klardarstellung entschieden. Es geht uns um ein neues Verhältnis von Gesellschaft und Wissenschaft im Allgemeinen und den empirischen Wissenschaften insbesondere.

# Was ist da?

Das wichtigste Ziele und die wichtigste Aufgabe der Naturwissenschaften ist festzustellen: Was ist denn da draußen überhaupt? Wie ist die Welt um uns herum? Wie ist sie aufgebaut, wie entwickelt sie sich, wie funktioniert sie? Warum dreht sich unser Planet um die Sonne? Warum fällt der Apfel zu Boden? Wieso ist die untergehende Sonne rot und das Blatt am Baum grün? Was sehen wir da? Warum können wir überhaupt sehen? Wie funktioniert unser Körper? Welche Kräfte sind am Werk, gibt es grundlegende Bausteine der Materie? Wie entstanden Kosmos, Erde, Leben, Menschen? Und schließlich: Wie können wir dieses Wissen nutzen?

Wir nutzen es in jeder nur denkbaren Form. Wir formen Materialien, Tiere, Pflanzen nach unseren Vorstellungen und Zwecken. Moderne Medizin verlängert Leben, operiert minimalinvasiv, kann pharmazeutisch heilen. Wie wir uns bewegen, was wir essen, was wir arbeiten, selbst unsere Urlaube, unsere Freizeitkleidung, alles basiert auf wissenschaftlichen Ergebnissen.

Gerade die Wissenschaft von der Natur ist eine besonders kritische Form der Beantwortung besonders kritischer Fragen. Um diese Fragen zu beantworten, hat sich die empirische Methode – Beobachtung und Experiment – sehr bewährt. Sie beginnt damit, dass wir durch Beobachtung feststellen: Es gibt verschiedene Dinge, diese haben verschiedene Eigenschaften. Sprich, wir sammeln Fakten und Daten. Draußen in der Natur ebenso wie im Labor. Wenn wir diese verschiedenen Dinge mit ihren verschiedenen Eigenschaften dann hinterfragen, beginnen wir, die Dinge zu zerlegen, im Detail zu betrachten. Wir versuchen so, die Eigenschaft oder das, was diese Eigenschaft verursacht, zu finden, zu definieren, zu beschreiben.

Manchmal findet man den Grund für eine Eigenschaft, manchmal aber liegt eine Eigenschaft in der *Verbindung* der Dinge begründet, das heißt, das Ganze ist mehr als die Summe seiner Teile. Die konstruktive Verbindung dieser Teile ist dann also die Ursache der Eigenschaft.

Naturwissenschaften gehen also der Frage nach: Was können wir objektiv über die Natur wissen? Objektives Wissen in dem Sinne, dass Eigenschaften unabhängig von Ort und Zeit, unabhängig von der messenden Person gesammelt und damit sowohl dokumentiert als auch und vor allem immer wieder neu und womöglich sorgfältiger und genauer überprüft werden können. Messungen geschehen allerdings kaum ohne eine theoretische Vorstellung von dem, was da eigentlich gemessen wird.

Damit kommen wir zum Begriff der Übereinstimmung zwischen Theorie und Beobachtung beziehungsweise Experiment. Wie kommt diese Übereinstimmung zustande, wie wird sie im Forschungsprozess hergestellt? Indem wir aus dem vorhandenen Wissen eine Vorhersage machen über die Zukunft, über Prozesse, Erscheinungen, Phänomene, die bis dahin noch unbekannt sind, die aber, wenn die Theorie stimmt, existieren sollten.

Dabei gehen die Naturwissenschaften immer axiomatisch vor, das heißt, es werden Annahmen gemacht und Schlussfolgerungen gezogen. Die Physik zum Beispiel, die wir heute kennen, begann mit den Axiomen von Isaac Newton. Er formulierte drei Axiome, die die Kraft, die Bewegung und die Reaktion betreffen.

Aber es bleibt nicht bei diesen sprachlich und mathematisch formulierten Annahmen, die letztlich nur Behauptungen sind. Die eigentliche Stärke der empirischen Forschung beginnt bei der experimentellen Überprüfung der Schlussfolgerungen anhand von Versuchen und Beobachtungen.

Empirische Forschung ist kein Monolog, in dem jemand etwas behauptet, auch kein Dialog, in dem Argument und Gegenargument ausgetauscht werden, sondern die Wissenschaft der Natur ist ein Trialog. Der Dritte im Bunde der Erkenntnisgewinnung ist das Experiment. Es ist der finale Gerichtshof über die Gültigkeit der behaupteten Axiome und deren Folgerungen. Und auch diese Beurteilung erfolgt nicht nur einmal, sondern ständig und immer genauer. Das schärfste Schwert der Kritik, das Experiment, wird immer weiter geschliffen, um die Gültigkeit der Hypothesen immer genauer und genauer auszumessen. Ob hier tatsächlich etwas Wahres gefunden worden ist, gilt dabei nicht als ausgemacht. Aber je besser und intensiver die Hypothesenüberprüfung durch möglichst viele und unabhängige Beobachtungen und Experimente stattfindet, desto weniger falsch wird sie sein.

Die empirische Forschung nähert sich der Wahrheit schrittweise. Es können immer noch Anomalien und Abweichungen auftreten, aber die grundsätzliche Linie der Hypothesenbildung wird nicht mehr verlassen. Das ist das Vorgehen nach der Methode des Falsifikationismus: Auf der Suche nach der Wahrheit schreiten die empirischen Wissenschaften von Irrtum zu Irrtum und nähern sich so der Wahrheit an. Wahrheit würde bei der Inventur der Natur ohnehin nur bedeuten, dass wir immer genauer wissen, was ist da, welche Eigenschaften hat diese Welt.

Ziel ist auch zu erklären, warum diese Objekte mit diesen Eigenschaften so und nicht anders sind. Als Paradebeispiel sei hier die völlig anormale Eigenschaft von Wasser genannt – einem Stoff, der doch eine Verbindung von zwei Gasen, nämlich Wasserstoff und Sauerstoff, darstellt –, unter normalen atmosphärischen Bedingungen flüssig zu sein. Es gibt keinen anderen Stoff auf der Erde, der aus zwei Gasen besteht und unter normalen Druck- und Temperaturbedingungen flüssig ist. Erst der tiefere Blick in die molekulare Struktur des Wassers erklärt, warum das so ist. Letztlich liegt die Ursache für die so wichtigen Eigenschaften des Wassers in der Ladungsverteilung. Das Sauerstoffatom ist aufgrund seiner Elektronenkonfiguration ein bisschen negativer und die beiden Wasserstoffatome sind ein bisschen positiver. Diese Ladungsverteilung führt zur sogenannten Wasserstoffbrückenbindung, durch die die einzelnen Wassermoleküle aneinanderhängen. Sie bilden sogenannte Cluster. Und diese Einschränkung der Beweglichkeit der Wassermoleküle führt dazu, dass Wasser flüssig ist. Steigt die äußere Temperatur, wird Wasser zu Dampf, sinkt die Umgebungstemperatur unter null Grad Celsius, dann gefriert Wasser zu Eis.

Gäbe es die Wasserstoffbrückenbindung nicht, hätten wir keine Ozeane, keine Flüsse, keine Seen, keinen Regen, also kein flüssiges Wasser auf unserem Planeten und auch kein Leben, denn wichtige Moleküle in uns Lebewesen verdanken ihre Stabilität und Variabilität gleichermaßen den Fähigkeiten der Wassermoleküle.

Die Naturwissenschaft stellt weiter fest, Wasser wird zu Dampf, wenn es sehr heiß wird, es wird zu Eis, wenn es kalt wird, dazwischen ist es flüssig. Warum lassen sich alle diese Eigenschaften mit nur einer Eigenschaft erklären, nämlich mit der Ladungsverteilung der Wassermoleküle? Wir haben doch noch nie ein Wassermolekül gesehen, wir sehen nur Wasser, Wasserdampf oder Eis. Eine wissenschaftliche Erklärung verlangt einen Sprung, einen Sprung in eine abstrakte Welt, die uns direkt überhaupt nicht zugänglich ist. In unserem Fall ist es die Abstraktion, dass Materie aus Molekülen besteht und dass Moleküle wiederum aus Atomen bestehen, die miteinander in Wechselwirkung treten. Auch das gehört zur empirischen Forschung: eine taugliche und verlässliche Abstraktionsfähigkeit. Abstraktion ist eine Extrapolation des Bekannten ins Unbekannte anhand von bestimmten Prinzipien, die sich als richtig und damit erkenntnistheoretisch erfolgreich erwiesen haben.

Der Fortschritt der empirischen Wissenschaft besteht also in der grundsätzlichen Überprüfung von Prinzipien und Gesetzen durch immerwährendes Hinterfragen. Mit jedem weiteren Hinterfragen müssen wir in der empirischen Forschung auch einen höheren Grad an Abstraktion verlangen. Das hat zur Folge, dass die Ausbildung derjenigen, die Naturwissenschaften studieren, vor allen Dingen eine schrittweise Ausbildung zu immer mehr Abstraktionsfähigkeit ist. Die empirische Forschung bedient sich mehr und mehr abstrakter Prinzipien bei der Erklärung von Phänomenen, beim Aufzählen des Inventars der Natur, beim Einordnen und Zuordnen, bei der Taxonomie der Eigenschaften, die sie findet, und beim Versuch der Klärung, wie einzelne Eigenschaften wiederum mit dem großen Ganzen zusammenhängen.

# Handeln und sich emporirren

Obschon die Naturwissenschaften mit der empirischen Methodik extrem erfolgreich sind, können sie keinen einzigen Moment etwas darüber sagen, was denn sein *soll*. Die Frage nach dem richtigen Handeln ist eine Frage nach dem Sollen: *Was sollen wir tun?* Es ist keine Frage nach dem Sein in dem Sinne, wie es ist, sondern wie es sein soll.

Wir möchten ja, dass die Welt durch unser Handeln besser wird. Wobei *besser* keine Eigenschaft ist, die wir irgendwo auf der Suche nach dem *Was ist da?* finden. Bei dieser Suche finden wir nur Eigenschaften, die im Grunde genommen völlig gleichberechtigt nebeneinanderstehen. Erst durch ethische Betrachtung beginnen wir, bestimmte Eigenschaften für besser zu halten als andere. Solche normativen Überlegungen sind aber nicht mehr Gegenstand der beschreibenden Naturwissenschaft.

Trotzdem sollten Naturwissenschaftler, wenn

sie bei ihrer Inventur der Natur etwa entdecken, dass bestimmte Stoffe für Natur und Menschen giftig sind, ganz automatisch in die ethische Handlungsebene wechseln und alle Beteiligten informieren. Ein besonders prägnantes Beispiel ist der zerstörte Reaktor von Tschernobyl: Wenn wir diesen nicht erneut in seinen Sarkophag einbetoniert hätten, hätte er für Jahrtausende, wenn nicht gar Jahrzehntausende das Trinkwasser in der gesamten Region dermaßen vergiftet, dass er für Menschen weiter hochgefährlich gewesen wäre.

Wenn festgestellt wird, dass Leben, Gesundheit oder die Kreisläufe der Natur gefährdet sind, ist die Wissenschaft nicht nur durch die jeweiligen nationalen Gesetze gezwungen, sondern auch aus ethischen Gründen aufgefordert, dies sofort mitzuteilen, sprich Politik und Gesellschaft zu informieren. Aufklärung ist also nicht nur eine Verpflichtung, sondern auch eine gesellschaftliche Verantwortung der Naturwissenschaften.

Wir wollen hier ein Beispiel nennen, das vielleicht klarmacht, wie schwierig es sein kann, dieser Maxime zu folgen. In den 1920er-Jahren des letzten Jahrhunderts werden die Fluorchlorkohlenwasserstoffe, kurz FCKW, entdeckt. Diese Stoffe sind chemisch sehr träge, gehen also praktisch keinerlei Verbindungen ein. Deshalb sind sie perfekt für den Einsatz in Kühl- und Klimaanlagen.

Im Jahr 1929 werden FCKW zum ersten Mal als Kühlmittel eingesetzt. Allgemeine Begeisterung. Nahrungsmittel sind plötzlich viel länger haltbar und Klimaanlagen helfen ganze Gebäude in heißen Sommern zu kühlen. Die Langzeitrisiken für die Atmosphäre, die mit den FCKW verbunden sind, wurden erst sechs Jahrzehnte später offensichtlich. Den Erfindern der FCKW war kein Vorwurf zu machen. Woher sollten sie wissen, welche Auswirkungen die Moleküle der FCKW auf die Ozonschicht in der Atmosphäre haben würden? Erst durch den Technologiefortschritt, der die bemannte und unbemannte Weltraumfahrt möglich gemacht hatte, konnten Messgeräte in die Erdumlaufbahn gebracht werden. Dort haben sie aus sehr großer Höhe Beobachtungen gemacht, Messungen vorgenommen und eindeutig festgestellt, dass die Ozonschicht vor allem über dem Nord- und Südpol jahreszeitlich schwankend jeweils ein enormes Loch aufwies. Ein schockierendes Ergebnis!

Zugespitzt formuliert stellte man also durch Messungen fest: Es gibt eine Verbindung zwischen der irdischen Verwendung von Kühlschränken und der Zusammensetzung der Hochatmosphäre. Das kam völlig unerwartet. Aber die Fakten waren eindeutig: Fluorchlorkohlenwasserstoffe zerstören die Ozonschicht, eine lebenswichtige Schutzschicht gegen die Ultraviolettstrahlung der Sonne. Damit ist eine enorme Gefahr verbunden, denn zu viel UV-Strahlung hat gravierende Konsequenzen für alles Leben auf der Erdoberfläche. Insbesondere für uns Menschen besteht das gesundheitliche Risiko des von der harten Sonnenstrahlung ausgelösten Hautkrebses.

Schon bald nachdem diese Gefahren offensichtlich, bekannt und wissenschaftlich belegt waren, wurde 1987 mit dem Montrealer Protokoll entschieden, die Produktion von FCKW weltweit einzustellen. Die Wissenschaft hat durch Forschung ihre Einschätzung der FCKW korrigiert, und Politik und Wirtschaft sind ihr gefolgt.

Es kann gar nicht genug betont werden, wie wichtig diese strukturelle Eigenschaft der empirischen Forschung ist: Ich kann mich irren, ich kann mit meinen mir bekannten Fakten grundsätzlich schiefliegen, auch wenn sich das nicht unmittelbar zeigt, sondern erst nach längerer Zeit. Es zeichnet den kritischen Rationalisten aus, dass er auch sich selbst gegenüber kritisch ist und sagt, meine Erkenntnis basiert auf Evidenz, aber sie kann trotzdem falsch sein: »Wir irren uns empor.«

Hypothesen und Theorien sind also Denkwerkzeuge der Naturwissenschaften, mit denen sie versuchen, das zu erklären, was sie – auf welche Weise auch immer – entdeckt haben. Mit zahlreichen, schrittweise verbesserten Versuchen prüfen sie die Theorien und Hypothesen, die meisten stellen sich dann als Irrtum heraus. Das heißt, der Irrtum hat Methode.

Die Situation in der Coronapandemie zeigt genau diese Haltung der Naturwissenschaften. Kolleginnen und Kollegen aus Virologie und Epidemiologie korrigieren sich immer wieder aufs Neue, weil sie jeden Tag mehr über das Virus, mehr über den Verlauf der Pandemie lernen. Und auch ihre Vorhersagen sind fehleranfällig.

Das hat natürlich auch Konsequenzen für die Kommunikation mit Politik und Gesellschaft: Der jeweils kommunizierte Kenntnisstand und deshalb eben auch die Prognosen und Handlungsempfehlungen sind womöglich noch nicht vollständig. Aber sollen die Naturwissenschaften deshalb auf warnende Hinweise verzichten?

Unsere Antwort lautet: Nein! Sie dürfen nicht darauf verzichten, früh genug zu warnen und auf mögliche weitere Risiken hinzuweisen, selbst auf die Gefahr hin, dass sich später herausstellt, es war ein Irrtum.

Und warum dürfen sie nicht drauf verzichten, vor Risiken und Gefahren zu warnen? Weil ihre empirische Methode das beste Verfahren darstellt, etwas über Natur zu erfahren. Die Methode der Messungen, der quantitativen, analytischen Untersuchungen, liefert die Möglichkeit, einen Gegenstand von ganz verschiedenen Seiten und in ganz unterschiedlichen Zusammenhängen zu betrachten. Auch dank der Möglichkeiten, große Datenmengen innerhalb kürzester Zeit zu erstellen und auszuwerten, ist man heute schneller als noch zu den Zeiten, in denen nur mit Bleistift und Papier gerechnet wurde.

Die strukturelle Vitalität der Naturwissenschaften stellt eine enorme Herausforderung dar. Auf die aktuelle Situation bezogen, bedeutet das Folgendes: Wenn wir den ganzen Apparat der empirischen Forschung auf ein Thema wie COVID-19 loslassen, dann werden wir ständig und immer wieder bis dahin unbekannte Eigenschaften des Virus entdecken. Wir werden neue Tatsachen erkennen.

Selbstverständlich sollten diese Ergebnisse kommentiert, verglichen und kritisiert werden. Aber gerade wenn im öffentlichen Raum diskutiert wird, sollte der Stand der Sachkenntnis an erster Stelle stehen. Und ebenso die Prämisse, dass die naturwissenschaftliche Forschung sich immer wieder korrigieren kann, zu immer neuen Erkenntnissen kommen kann, die die alten sozusagen überschreiben. Darüber hinausgehende Kritiken, seien sie ideologisch oder sonst irgendwie begründet, müssen hinter den Tatsachen zurücktreten.

Das gilt auch für die Bewertung der Handlungsempfehlungen, die auf Basis naturwissenschaftlicher Erkenntnisse gegeben werden. Nur die Kenntnis der Entscheidungsmöglichkeiten im Lichte der *Tatsachen* erlaubt eine kritische Reflektion. Wir müssen also zuallererst Kenntnis über die Inventur der Optionen haben. Welche *Möglichkeiten* stehen überhaupt zur Verfügung?

Um die Handlungsoptionen zu bewerten, werden sie einzeln in ihren verschiedenen Konsequenzen betrachtet. Und für diese qualitative Bewertung der Optionen, im Sinne eines »optimal« und »weniger optimal«, brauchen wir wiederum Sachinformationen. Und je genauer die Frage nach der Entscheidung des Handelns ist, umso genauer muss auch die Sachkenntnis sein.

Aber je genauer die ethischen Fragestellungen sind, desto mehr geraten wir in die Schwankungen der naturwissenschaftlichen Erkenntnisse hinein. Die Pandemiesituation ist voller Beispiele dafür. Nehmen wir eines heraus: Bei einer ersten groben Fragestellung würden wir immer antworten: Masken und Distanzhalten sind ein hervorragender Schutz gegen Ansteckung. Dann aber wollen wir es genauer wissen: Wie wirken diese Maßnahmen bei verschiedenen Altersgruppen? Wie verhält es sich bei denjenigen, die schon erkrankt waren und über eine Immunität verfügen? Je genauer und detaillierter wir nachfragen, desto notwendiger ist auch eine detaillierte Sachkenntnis.

Auch hier noch mal ein Beispiel zu COVID-19: Die Frage der Immunität. Unser Immunsystem besteht nicht nur aus unseren Antikörpern. Wenn die Wissenschaft entdeckt, dass bei vielen der Coronaerkrankten die Antikörper nach drei Monaten wieder verschwunden sind, heißt das noch lange nicht, dass sie nicht immun sind. Denn es gibt noch einen anderen Aspekt, nämlich die T-Zellen, die ebenfalls und zwar ganz erheblich zum Immunsystem beitragen.

Welche Immunantwort können und wollen wir erreichen, damit der Mensch längere Zeit immunisiert ist und sich nicht alle drei Monate neu impfen lassen muss?

All diese Fragen machen aber nur dann Sinn, wenn ein offenes Gespräch geführt wird. Die wichtigsten Prämissen dafür hätten wir bereits geklärt: die nötige Sachkenntnis und eine möglichst genaue Kenntnis über den Standpunkt der Naturwissenschaften.

# Das offene Gespräch

Offene Gespräche zum Thema Klimakrise oder COVID-19-Pandemie sind oft schwierig. Nicht nur mit denen, die zu den krassen Leugnern eines menschengemachten Klimawandels oder zu den Verschwörungstheoretikern der Pandemie zählen, sondern auch mit Politikern.

Wir zählen in Deutschland über 75 000 Tote durch oder mit Corona (Stand Ende März 2021). Aber wir hätten deutlich mehr Todesfälle, wenn wir von Anfang an die amerikanische Linie gewählt hätten. Dann wäre unser Gesundheitssystem einfach zusammengebrochen.

Aber, so argumentieren einige Mahner, was sind denn die 75 000 Coronatoten im Vergleich zu den mehr als 3 Millionen Toten durch Hunger? Laut UNICEF starben 2019 5,2 Millionen Kinder unter fünf Jahren an Hunger.[3] Alle zehn Sekunden stirbt ein Kind an den Folgen von Hunger. Allerdings haben wir diese Hungertoten unabhängig davon, welche Maßnahmen wir gegen Corona in Deutschland ergreifen, zu beklagen. Das heißt, diese beiden Themen haben nichts direkt miteinander zu tun. Außerdem sollten sich die Appelle in diesem Fall nicht an die Gesundheitsexperten richten, sondern an große internationale Organisationen wie die UNO oder die EU. Und zwar in dem Sinne, dass sie mit den entsprechenden Hilfsleistungen in diesen Ländern vielleicht ganz anders verfahren sollten, als sie das bis jetzt gemacht haben.

Die gleichen, seltsamen Un-Vergleiche wie die zwischen Coronatoten und Hungertoten erleben wir oft in Diskussionen zum Thema Klimawandel. Da heißt es dann: »Was soll das alles, SUV oder nicht, Ferienflieger oder nicht, regenerative Energie oder Öl, wir Deutschen tragen doch sowieso nur zu zwei Prozent der Treibhauseffekte weltweit bei.«

Mit dieser Ansage hat das Gegenüber die Diskussionsrunde verlassen und redet global wirr über den Planeten und nimmt dcncn, die versuchen, aktiv etwas zu verändern, jeden Wind aus den Segeln.

Mit anderen Worten: Die Gegenwart wird von den Diskussionspartnern unterschiedlich wahrgenommen. Deswegen ist es oft sinnvoll, einen neutralen Dritten im Bunde zu haben, der das Gespräch moderiert. Jemanden, der immer wieder von der einen zur anderen Seite wechselt und die

Informationen vermittelt: »Habt ihr das verstanden? Ist euch klar, was die andere Gruppe meint?«

Dabei dürfen die Naturwissenschaftler nicht dem naturalistischen Fehlschluss unterliegen, aus der Beschreibung der Natur normative Konsequenzen ziehen zu können. Das können sie nicht. Und die Sozialwissenschaftler etwa dürfen nicht einfach Zahlen nebeneinanderstellen und dann die gleiche Maßeinheit verwenden, Coronatote in Deutschland und Hungertote in Afrika zum Beispiel.

In der Physik würde man sagen, das passt dimensionsmäßig nicht zusammen und führt zu großen Irritationen, das Gespräch stockt oder bricht ganz ab. Und es ist vor allem nicht konstruktiv. Schlimm an dieser Art der Auseinandersetzung ist, dass am Ende eines solchen Nicht-Gesprächs natürlich auch keine Ergebnisse stehen.

Wir dürfen also genau diesen Sprung in andere Dimensionen nicht machen. Denn dann verlassen wir sofort die Gesprächsebene und tun so, als hätten wir ein Argument, das allen Argumenten, die bisher diskutiert wurden, überlegen ist – ein Totschlagargument sozusagen.

Im Gespräch zwischen Geisteswissenschaften und Naturwissenschaften etwa taucht das Problem öfters auf, zum Beispiel dann, wenn die Geisteswissenschaften von der simplen Menge an Sachinformationen überrollt werden. Was die Naturwissenschaften also bereitstellen müssen, sind Informationen in verdaulicher Form. Nicht zu viel, aber auch nicht zu wenig, vor allem aber in Begriffen, die verstanden werden. Elementarisieren, ohne zu banalisieren.

Neben dem Dimensionssprung gibt es auch die berühmten Zeitsprünge als Ausweichmanöver. Wenn zum Beispiel Klimawissenschaftler vor einer dramatischen Erwärmung des Erdklimas warnen und die Reaktion in einem »Ach, das hatten wir schon öfter in den letzten Millionen Jahren der Erdgeschichte – kein Grund zur Besorgnis« besteht.

Das ist natürlich ein übler Trick, weil es zu den Zeiten, von denen da gesprochen wird, noch keine Menschen auf unserem Planeten gegeben hat. Und eine konstruktive Verständigung, eine Antwort auf die Frage, was sollten wir jetzt, hier und heute, tun, rückt mit dieser historischen Keule auch in weite Ferne.

Ein weiteres schockierendes und zugleich komisches Beispiel für ein misslungenes Gespräch ist die Aussage, die Physik sei nur eines von vielen Sprachspielen. Diese Äußerung beruht auf der unbestreitbaren Tatsache, dass die Physik sich einer bestimmten Sprache bedient, nämlich der Mathematik. Da sich die Physik nun einer Sprache bediene, sei sie nur ein Spiel mit dieser Sprache, so die Argumentation. Und weiter: dass man die Welt nur in *Abhängigkeit* von der genutzten Sprache interpretieren könne, die Physik also ein in sich geschlossenes System sei, das keinen Bezug zur Wirklichkeit habe. Und schließlich: Da alle Sprachen gleichberechtigt sind, ist die Physik nur eine Sprache unter vielen.

Wenn es stimmt, dass die Naturwissenschaften über reale Strukturen forschen, diese also wirklich sind, dann ist die Physik alles andere als eine intellektuelle Vorstellung im Sinne eines Sprachspiels. Naturwissenschaftler spielen nicht mit Konjunktionen oder Deklinationen, und wir alle müssen damit klarkommen, dass die Welt da draußen kein Spiel ist. Da wird nicht gespielt. Im Klartext: Wer Ebbe und Flut für ein Sprachspiel hält, der wird ertrinken.

Wer die evidenzbasierten Wissenschaften zu Sprachspielen degradiert, der hält die Phänomene für grundsätzlich nicht objektivierbar. Jeder kann quasi *irgendetwas* über die Welt behaupten, und das steht dann völlig gleichberechtigt neben Messungen oder Berechnungen. Für solche Zeitgenossen gibt es keine objektive Realität, jede Wahrnehmung, also auch die naturwissenschaftliche Beschreibung, ist für sie vollständig subjektiv. Alles Konstruktionen unseres Gehirns.

Als Antwort darauf gibt es einen schönen Satz, der lautet: »Nehmen Sie einen radikalen Konstruktivisten und setzen Sie ihn vor eine Herde wildgewordener Büffel. Und dann soll er sich entscheiden: Gibt es die Büffel jetzt oder gibt es die nicht?«

# Absolute Kontrolle?

Büffel, Ebbe und Flut, das Coronavirus, der Klimawandel – das und vieles mehr ist objektive Natur. Aber: »Wer Wissenschaft als ein Instrument verkaufen will, mit dem der Mensch absolute Gewissheit und Kontrolle über sein Schicksal gewinnen könne, verlässt den Boden seriöser Wissenschaft und macht sich zum Prediger von Verdammnis und Heil. In der Klimadebatte haben wir den Wandel von prominenten Wissenschaftlern zu Hohepriestern bereits erlebt.«[4]

Das war in einem großen, deutschen Wochenblatt zu lesen. Wir allerdings kennen keine Hohepriester in der Klimadebatte, und wir kennen niemanden in den Naturwissenschaften, der jemals von absoluter Sicherheit und Kontrolle gesprochen hat.

Allerdings können die Naturwissenschaften für sich in Anspruch nehmen, für ganz erhebliche Sicherheits- und damit Freiheitsräume verantwortlich zu sein, die auch ihre Kritiker, etwa aus den Reihen der Geisteswissenschaften, genießen. Ob das nun die Verwendung von Materialien zum Hausbau betrifft – wir sitzen nicht mehr in Strohhütten, die bei jedem Wind weggeblasen werden –, unsere Mobilität, unsere Kommunikation, unsere Versorgung mit elektrischer Energie, sauberem Trinkwasser, genügend Nahrung und unser modernes Gesundheitswesen – alles das und noch viel mehr basiert letztlich auf grundlegenden, naturwissenschaftlichen Erkenntnissen über die Welt. Insofern darf empirische Forschung bei aller Bescheidenheit für sich in Anspruch nehmen, außerordentlich erfolgreich zu sein.

Worin liegt dieser Erfolg begründet? In ihrer Methode – das haben wir jetzt schon oft genug betont –, aber auch im Umgang mit den durch Experimente und Beobachtungen bestätigten theoretischen Erkenntnissen.

Wenn sich nämlich in Physik, Chemie und allen anderen Naturwissenschaften ein Modell herausragend bewährt hat, dann macht es einfach keinen Sinn mehr, diese Ergebnisse immer wieder aufs Neue grundlegend zu kritisieren. Wer heute noch behauptet, dass es keine Atome gebe oder Moleküle keinen Einfluss auf die Wärmeaufnahmefähigkeit von Gasen hätten, muss schon sehr überzeugende, völlig neue und im Experiment bestätigte Argumente aufweisen. Ansonsten ist es nur Geschwätz.

Bei der Klimaforschung haben wir es mit einem globalen Projekt zu tun, dessen Ergebnisse seit mindestens vier Jahrzehnten nur in eine Richtung weisen, nämlich die, dass eine ständige Erhöhung der Konzentration von Treibhausgasen in der Atmosphäre zu einer globalen Erhöhung der mittleren Temperatur mit unabsehbaren Folgen führen wird. Eine solche Warnung der ansonsten ja eher *schweigenden* Wissenschaft hat natürlich apokalyptische Züge, überhaupt keine Frage, zumal dann, wenn die globale Erwärmung bis zum Ende dieses Jahrhunderts bei fünf, sechs, sieben oder noch mehr Grad liegen wird. Dann wird nämlich überhaupt nichts mehr von unserem Lebensraum übrig bleiben.

Davor warnen die Forscherinnen und Forscher seit sage und schreibe mehr als 50 Jahren. Man kann sie hier aber an einer Stelle entschuldigen: Ihre Worte wurden, obwohl anfangs sehr diplomatisch gewählt, einfach nicht gehört und verstanden. Sehr offensichtlich wird das beim Bericht des IPCC (Intergovernmental Panel on Climate Change).[5]

Alle fünf bis sieben Jahre versuchen Tausende

von Forscherinnen und Forschern, der Politik und Öffentlichkeit die Konsequenzen ihres Handelns so klar und unmissverständlich zu präsentieren, wie es nur irgendwie möglich ist. Wobei beim IPCC-Bericht die drastischen Äußerungen vieler Fachartikel zur Entwicklung des Klimas immer wieder durch Konjunktivvariationen abgeschwächt werden. Das ist eine durch politischen Einfluss stark abgemilderte Fabulierkunst, die den Eindruck erweckt, es sei alles gar nicht so schlimm. Aber selbst das ist immer noch schlimm genug.

Darüber hinaus klingen Äußerungen aus der Klimaforschung naturgemäß seit eh und je wie die Beschwörung der Apokalypse, weil alles, was damals, was vor 30 oder 40 Jahren vorhergesagt worden ist, leider jetzt schon Realität ist. Es stellt sich sogar noch schlimmer dar, wenn man an Phänomene wie Erwärmung des Klimas, Gletscherschmelze oder Versauerung und Erwärmung der Ozeane denkt. Alle diese Prozesse haben sich deutlicher beschleunigt als vorhergesagt. Mit anderen Worten: Selbst die größten Pessimisten vor 30 oder 40 Jahren waren noch viel zu optimistisch.

»Nach der Krise wird nichts mehr so sein wie zuvor.« Wenn es eine Krise gibt, auf die diese Binsenweisheit auf jeden Fall zutrifft, dann ist es die Klimakrise. Denn das Klimasystem lässt sich nicht auf Knopfdruck ändern und es lässt sich erst recht nicht kontrollieren.

Wenn der Klimaforscher Stefan Rahmstorf davor warnt, dass wir die Kontrolle über den Zustand der Erde verlieren, dann meint er damit die Kontrolle über die Klimaprognosen.[6] Es geht hier nicht um die Kontrolle der Natur, sondern um die Frage, können wir überhaupt noch vernünftige Klimavorhersagen machen, wenn wir eine bestimmte Temperatur überschreiten? Antwort: Nein, können wir nicht. Es wurde schlicht nicht verstanden, wovon die Rede ist. Keiner am Potsdamer Klimainstitut hat jemals gedacht »Ich will die Kontrolle über die Natur. Die Natur gehört mir. Ich bin die Natur«. Klimaforschern zu unterstellen, sie wollten die Kontrolle über das Erdsystem, ist lächerlich und zeigt, dass die Kritiker nicht wissen, wovon sie sprechen.

Und sie sind sich offenbar auch nicht über die Konsequenzen ihrer Äußerungen im Klaren. Die leider immer noch sehr aktive Szene der von Öl- und Kohleindustrie finanzierten sogenannten »Klimaskeptiker« macht sich solche publizistischen Eskapaden gerne zunutze. Dabei wäre es viel wichtiger, über die inhaltlichen Begrifflichkeiten zu berichten.

Zum Beispiel über die Kipp-Punkte. Wenn diese in einem geschlossenen System wie dem Klima erreicht und überschritten werden, dann wissen wir nicht, was danach kommt. Das ist gerade jetzt der Fall. Wir stehen an einem Kipp-Punkt, an einem Tipping-Point. An dem Punkt, nach dem die Konsequenzen unserer Handlungen nicht mehr berechenbar, geschweige denn beherrschbar sind. Den meisten von uns ist vielleicht nicht richtig klar, dass wir keine Zeit mehr zu verlieren haben. Wir können es uns nicht mehr erlauben zu warten, nach dem Motto: Ach, die werden schon noch irgendetwas Tolles erfinden.

Die eigentliche Frage aber ist: Warum äußern die Kritiker so etwas? Sie hätten doch einfach einen Klimaforscher anrufen und ihn fragen können: »Können Sie mir das noch mal erklären? Ich habe hier die Vermutung, Sie meinen die Kontrolle über die Natur.« Dann hätte der Klimaforscher vielleicht geantwortet: »Nein, ich rede hier von der Kontrolle unserer Prognosemöglichkeiten. Wir sind keine Naturbeherrscher. Wir entwickeln Klimamodelle. Und wenn wir die Kontrolle über diese Modelle verlieren, dann wissen wir überhaupt nicht mehr, was auf uns zukommt, dann können wir auch keine guten oder schlechten Ratschläge mehr geben, dann können wir gar keine mehr geben.«

Und nach dieser Antwort des Klimaforschers hätten sich die Kritiker vielleicht sogar für diese Erklärung bedankt, hätten dem Forscher alles Gute gewünscht und ihm gesagt, er solle doch bitte im Interesse aller Menschen auf diesem einzigartigen Planeten seine Arbeit fortsetzen. Das wäre die richtige Haltung gewesen, insbesondere dann, wenn sich die Kritiker dafür interessieren würden, wirklich zu verstehen, was dieser Forscher macht, der jahrelang beim WBGU (Wissenschaftlicher Beirat der Bundesregierung Globale Umweltveränderung) mitgearbeitet hat, der Mitglied im IPCC ist, der also versucht – auch mit seinen Blogs im Internet – eine Brückenfunktion zu erfüllen, nämlich aus der Wissenschaft zu berichten, Klartext zu sprechen, immer wieder Hinweise zu geben und zu fragen: Wie sind unsere Optionen? Was müssen wir tun?

Zur Erinnerung: In den Naturwissenschaften geht es nicht darum, die Natur zu beherrschen, sondern diese zu beschreiben.

Dennoch gibt es natürlich Versuche, die Natur

zu beherrschen. Sie finden teilweise in der Technologie und in der Landwirtschaft statt, nämlich dann, wenn die Dinge beginnen, unsere Zwecke und Ziele zu erfüllen.

Damit sind wir beim eigentlichen Problem. Es ist wahrscheinlich so, dass sich die Grundlagenforschung über lange Zeit nicht genügend eingemischt hat, um festzustellen und davor zu warnen, welche Gefahren hinter der Anwendung der von den Naturwissenschaften gefundenen Erkenntnisse stecken. Beispiele sind DDT (Dichlordiphenyltrichlorethan) oder Glyphosat oder eben auch die zivile Nutzung der Kernkraft, ganz zu schweigen von ihrer militärischen Nutzung. Die mit Plastik verseuchten Meere sind genauso eine Warnung, ebenso Tschernobyl und Fukushima, kenternde Ölfrachter auf den Weltmeeren, mit Stickoxiden und Feinstäuben vergiftete Atemluft in den Metropolen, sterbende Insekten und gerodete Wälder als Folgen einer industrialisierten Landwirtschaft. Das alles sind technologische Auswüchse, die uns an den Rand unserer Existenz drängen. Und sie alle beruhen auf Erkenntnissen der Naturwissenschaften.

Es gilt also beim Schritt von der naturwissenschaftlichen Erkenntnis zur technologischen Anwendung immer zu fragen, welche Folgen dies für die Natur und damit auch für den Menschen hat. Das ist der Ethos, dem alle Naturwissenschaftler verpflichtet sein sollten.

Dagegen steht leider die ungebremste Marktwirtschaft. Sie badet sich geradezu in der Vorstellung von unendlichen Ressourcen, aus denen sie sich ständig bedienen kann. Warum sich Gedanken machen, Gedanken darüber machen, woher die Stoffe kommen? Nimm dir, was da ist, greif zu, mehr, mehr.

Die Ressourcen unseres Planeten sind aber nicht unendlich, sondern begrenzt. Wenn wir dies erkannt haben, kann der Weg der ungebremsten Marktwirtschaft nicht der richtige sein. Die entscheidende Frage muss lauten: Wie gehen wir damit um, dass wir diese Grenzen erkannt haben?

Man könnte jetzt Hegel zitieren: Wer die Grenze erkannt hat, hat sie schon überschritten. Wo aber sind die Anhänger Hegels, die uns auffordern, dass wir uns endlich unserer Vernunft folgend verhalten sollten, weil unser Tun weder zu rechtfertigen noch zu verantworten ist? Wir wissen doch, dass unsere Ressourcen zu Ende gehen, dass wir andere Energieformen als die fossilen brauchen. Jetzt sollten wir endlich überlegen, wie eine Innovation in Kreisläufen und auch vom Ende her gedacht werden könnte. Das heißt: Was bedeutet es, wenn ein Produkt, ob nun ein ideelles oder ein tatsächliches, von sehr vielen Menschen auf dem Planeten genutzt wird und damit Erfolg hat? Welche Ressourcen werden verbraucht, wenn auf einmal immer mehr und mehr Menschen auf der Welt etwas benutzen wollen?

Anders gefragt: Wie läuft ein Handeln in den großen, globalen gesellschaftlichen Kreisläufen ab? Wie läuft es in politischen Kreisläufen ab? Ob es um Klimawandel, Digitalisierung, Biotechnologie oder Ressourcen geht: Das letzte Wort sollten nicht die von Umsatzsteigerung und Gewinnoptimierung getriebenen Vorstandschefs und ihre Ökonomen haben.

# Monotonie der Modelle

»Wissenschaftler haben durchs Zweifeln zu glänzen, nicht durch Rechthaberei. Doch schon in der Klimadebatte wandelten sich einige von ihnen zu Ideologen des einzig richtigen Weges. Dieses Unheil droht jetzt auch der Epidemiologie.«[7]

Sehr richtig, antworten wir diesen Kritikern, Naturwissenschaften haben durch Zweifel zu glänzen, wir irren uns empor, Stichwort Falsifikationismus, wir hinterfragen, prüfen, testen, messen, und wir nähern uns der Wahrheit an.

Aber wenn sich heute so gut wie alle Klimaforscher einig sind, dann sind diese Forscher aus den verschiedensten Naturwissenschaften keineswegs Ideologen. Diese Einigkeit in der Analyse der Klimaproblematik ist das Ergebnis einer über sechs Jahrzehnte währenden internationalen Forschungsarbeit, deren Messgenauigkeit und Theoriequalität sich kontinuierlich verbessert hat. Viele Forschungsgruppen in der ganzen Welt, aus den unterschiedlichsten Fachgebieten, sind durch Beobachtungen zu Lande, zu Wasser, in der Luft und aus dem Weltraum, durch statistische Untersuchungen und immer genauere Klimasimulationen, nach endlosen Diskussionen und Klarstellungen, Korrekturen und Bestätigungen zu einer gemeinsamen Bewertung und zu einem gemeinsamen Modell gekommen. Mit anderen Worten: Sie sind sich einig.

Dieser Zustand einer Erkenntniskonvergenz, des Zusammenlaufens aller Indizien und Tatsachen zu einem gemeinsamen Standard ist ein wichtiges Kennzeichen der evidenzbasierten Wissenschaften.

Was manche Skeptiker genau wegen dieser *Monotonie der Modelle* als Ideologie der Klimaforscher interpretieren, ist das Ergebnis von sehr mühsamer, sehr langer, extrem detailreicher wissenschaftlicher Arbeit aus verschiedenen Bereichen, die in zahllosen Konferenzen anhand neuer Daten und Erkenntnissen immer wieder präsentiert und diskutiert wird.

Ein besonderes Kennzeichen dieser Methode ist es, dass überzeugende naturwissenschaftliche Erkenntnisse und Theorien sich gegenseitig stützen, das heißt, sie sind an bereits existierende Modelle und Theorien anderer Bereiche anschlussfähig. Es ist zum Beispiel möglich, die Biosphäre, die Atmosphäre, die Kryosphäre, die Lithosphäre, die Hydrosphäre, die Pedosphäre und die Anthroposphäre miteinander naturwissenschaftlich zu verbinden und damit ein Gesamtbild des vollen Klimasystems zu erstellen. Mit anderen Worten: Die Naturwissenschaften haben es vollbracht, die wesentlichen Wechselwirkungen der unterschiedlichsten Erdsystemteile zu verstehen und daraus entsprechende Konsequenzen zu ziehen. Basierend auf der grundlegenden Erkenntnis der Physik und der Chemie, dass Moleküle in einer bestimmten Form Wärmestrahlung absorbieren, folgt daraus: Wenn wir die globale Erwärmung stoppen wollen, müssen wir verhindern, dass weiter treibhausaktive Gase in die Atmosphäre gelangen. Das ist der einzig richtige Weg. Und in der axiomatischen Variante heißt das dann:

1. Wenn wir keine globale Erwärmung wollen, dann müssen wir aus den fossilen Ressourcen heraus.
2. Wenn wir aus den fossilen Ressourcen herauswollen und trotzdem noch ausreichend Energie für Mensch und Industrie haben wollen, dann müssen wir auf erneuerbare Energien umsteigen. Und zwar ganz und gar und auch ganz

schnell. Da lässt die Natur nicht mit sich verhandeln.

Als Ergebnis einer einhelligen Erkenntnis der Wissenschaft steht hinter dieser Handlungsempfehlung, der 99 Prozent aller Klimawissenschaftler zustimmen, weder eine Ideologie noch der Versuch, die Natur zu kontrollieren. Auch der Mensch und sein Handeln werden nicht auf physikalische Größen reduziert. Das Einzige, was erreicht werden soll, ist eine lebenswerte Umwelt für uns und vor allem unsere nachfolgenden Generationen zu bewahren.

Was jetzt die Mahnung der Skeptiker an die Epidemiologen betrifft, nicht zu Ideologen zu werden, so ist diese eine bewusste Schwächung der Position von Wissenschaftlern in der Öffentlichkeit, von Menschen, die zur Bewältigung einer Pandemie entscheidend beitragen. Es ist nicht korrekt, einfach destruktiv und unterstützt das Denken der ohnehin verunsicherten Menschen, die an unselige Verschwörungstheorien oder Ähnliches glauben.

Außerdem erleben wir fast täglich, dass unter Epidemiologen und Virologen die Ansichten und Meinungen längst noch nicht so konvergent sind, wie das unter Klimawissenschaftlern der Fall ist. Wir können also mitnichten von einer ideologischen Haltung sprechen.

Die Epidemiologie ist zudem keine rein medizinische Wissenschaft, wie oft behauptet wird, sondern sie versucht auch herauszufinden, wie sich Menschen während einer Epidemie verhalten. Sie arbeitet interdisziplinär, etwa mit Ansätzen aus den Naturwissenschaften, der Statistik, der Psychologie und der Sozialwissenschaft. Sie versucht herauszufinden, wie Epidemien entstehen, welchen Verlauf sie nehmen und wie sie sich eindämmen lassen.

Derartige Zusammenhänge zu erkennen, zu verstehen und auch zu nutzen, ist die Aufgabe der Natur- und Technikwissenschaften.

Aber es gibt daneben auch noch die innere Welt unserer Gedanken, Hoffnungen, Visionen und Ideale. Beide Welten stoßen im Menschen natürlich aufeinander. Er fühlt sich womöglich in seiner Freiheit eingeschränkt oder bedroht, weil infolge der naturwissenschaftlichen Erkenntnis des Klimawandels zum Beispiel Autos mit Verbrennungsmotoren in den Innenstädten verboten werden. Für jemanden, der überhaupt keine Ahnung vom Klimawandel hat oder diesen als Blödsinn oder Erfindung der Chinesen abtut, sind die Klimawissenschaftler nur noch verrückt.

Auch innerhalb der wissenschaftlichen Welt stoßen beide Sphären aufeinander, etwa wenn in den Geschichtswissenschaften die Hinweise darauf, wie Klimaveränderungen früher schon die Menschheitsgeschichte beeinflusst haben, verfolgt werden. Die Naturwissenschaften können mit Werkzeugen wie der Isotopenanalyse beispringen, die die historischen Thesen bestätigen. Geistes- und Naturwissenschaften gehen hier Hand in Hand.

Was das Forschungsthema Klimawandel betrifft, fließt die geisteswissenschaftliche Dimension des Historischen so mit ein in den Erkenntnisprozess der Naturwissenschaften. Das zeigt auch, wie synthesefähig die Naturwissenschaften sind, indem sie nämlich geisteswissenschaftliche Interpretationen aufnehmen können, ohne dass dadurch eine naturwissenschaftliche Erkenntnis in Zweifel gezogen werden muss.

Die vielen verschiedenen Wissenschaftsformen ermöglichen Interessierten, sich etwa für eine Geisteswissenschaft oder für eine Naturwissenschaft zu entscheiden. Beide Bereiche sind zunächst sehr genau definiert. Und genau diese Grenzen machen es am Anfang auch so interessant. Wir können uns in der Literaturwissenschaft Schriftstellerinnen und Schriftstellern zuwenden, wir können ihr Leben durchdringen, ihre Werke interpretieren und in der Forschung vielleicht sogar ganz neue Deutungsansätze finden. Wir können versuchen zu verstehen, was Theodor Fontane zum Beispiel gemeint hat, als er schrieb »Harte Aufgabe«.

Diese Bemerkung stammt aus Fontanes »Wanderungen durch die Mark Brandenburg«. Die Hugenotten, die sich in Rheinsberg niedergelassen hatten, sollten ihre alte Loire-Heimat vergessen. »Harte Aufgabe.« Punkt.

Ein Literaturwissenschaftler und kompetenter Fontane-Kenner könnte aufgefordert werden, etwas über den damaligen und aktuellen Zustand Brandenburgs zu sagen, sie zu vergleichen. Und aus dieser historischen Perspektive könnte er auch den einen oder anderen Hinweis darauf geben, wie sich dieses Bundesland aktuell bevölkerungsmäßig entwickeln könnte. Nachdem schon einmal vor 200 Jahren Hugenotten hier eingewandert sind, könnten möglicherweise in Zukunft erneut Menschen hier einwandern. Für die Preußen hat es sich damals auf jeden Fall gelohnt, dass diese vielen fremden Menschen nach Preußen kamen. Für die preußischen Könige hieß es: »Jeder soll nach seiner Façon selig werden.«

Wir sehen hier *eine* Deutung von Fontanes Satz – eine Deutung unter bestimmten Prämissen, hier die historische Perspektive. Daneben sind vielerlei andere Auslegungen denkbar. In dieser geisteswissenschaftlichen Deutung geht es nicht darum, letztgültige Erklärungen zu finden. Im Gegensatz dazu sind in den Naturwissenschaften Ursache und Wirkung, zumindest was das Klima auf der Erde angeht, sehr klar und letztgültig zu definieren. Und daraus ergibt sich ein ebenso klarer Handlungsrahmen für uns Menschen.

# Eine verzerrte Sicht

In seinem Buch »Nur Wissen kann Wissen beherrschen« schreibt der deutsche Physiker und Philosoph Bernd-Olaf Küppers:

»Die verzerrte Sicht auf die Wissenschaften wird dadurch noch verstärkt, dass die Geisteswissenschaften sich selbst gerne als Gegengewicht zu den übermächtig erscheinenden Naturwissenschaften darstellen. Dem liegt die weit verbreitete Auffassung zugrunde, dass die Geisteswissenschaften anders als die Naturwissenschaften sich einen lebensnahen, unverfälschten Zugang zur Welt erhalten haben, weil sie ihren Blick vorzugsweise auf die menschliche Lebenswirklichkeit richten. [...] So hat sich denn in der öffentlichen Wahrnehmung der Wissenschaften ein Bild verfestigt, demzufolge es die Geisteswissenschaften sind, die das geschichtlich-kulturelle Erbe des Menschen bewahren, während uns Naturwissenschaft und Technik in eine menschenfremde oder sogar menschenfeindliche Wirklichkeit führen.«[8]

Was Bernd-Olaf Küppers hier anspricht, ist die alte Auseinandersetzung zwischen Geisteswissenschaften und Naturwissenschaften, die der britische Wissenschaftler und Autor, C. P. Snow 1963 in seinem Buch »The Two Cultures and a Second Look«[9] gar zu einem Kampf zweier Kulturen hochstilisierte. Dazu Küppers:

> »Die Tatsache aber, dass die kontroverse Diskussion bis heute andauert, ist ein Hinweis darauf, wie sehr uns die Frage nach dem Wesen der Wissenschaften berührt. Zugleich wird deutlich, dass nur die Einheit der Wissenschaften zu einem konsistenten Weltbild und damit zu einem einheitlichen Wirklichkeitsverständnis führen kann. Nur, wenn sich Natur- und Geisteswissenschaften wieder annähern, kann dem Zerfall unserer Wissenskultur, vor dem Snow so eindringlich gewarnt hat, Einhalt geboten werden.«[10]

Und er hat recht. Wir brauchen eine Annäherung zwischen Natur- und Geisteswissenschaften, um dem Zerfall der Wissenskultur entgegenzuwirken und ein konsistenteres Wirklichkeitsverständnis zu schaffen, gerade und vor allem in Krisenzeiten. Dabei gibt es natürlich auch Einschränkungen. In der Debatte über die Wirkungsweise von

Masken in einer Pandemie etwa führt ein Studium der Germanistik, der Philosophie oder Geschichte nicht unbedingt weiter. Die Naturwissenschaft zeigt anhand von Experimenten, wie eine Maske vor Mund und Nase wirkt: Sie bedeckt Mund und Nase so, dass Flüssigkeitsteilchen, feste Stoffe und Aerosole nicht so stark nach außen dringen, wie es der Fall wäre, wenn Nase und Mund unmaskiert sind. Die Geisteswissenschaften könnten natürlich entgegnen: Maskentragen führt zu Entfremdung, lässt keine Nähe, kein Erkennen zu und ist ein Eingriff in die Freiheit.

Die Naturwissenschaften hier, die Geisteswissenschaften dort. Wie nun weitermachen? Maske ja oder Maske nein? Und vor allem: Wer trifft diese Entscheidung? Die Aufgabe, diese gegensätzlichen Standpunkte in der Gesellschaft eines demokratischen Staates zu organisieren und die entsprechenden Handlungsweisen zu implementieren, obliegt der Politik. In Form von Gesetzen, Verordnungen und Regeln setzt sie wissenschaftliche Erkenntnisse und Standpunkte in Handlungen um.

Aber Wissenschaft, Natur- wie Geisteswissenschaft, muss, kann und darf sich einmischen. Es ist sogar ihre Aufgabe. Die Naturwissenschaft muss es allein deswegen, weil sie von Gegeben-

heiten berichtet, die von allen Menschen wahrgenommen werden können und die alle Menschen
gleichermaßen betreffen, ohne dass es darauf ankommt, welchen sozialen, traditionellen oder re-
ligiösen Hintergrund sie haben. Sie ist human in
einem ganz basalen Sinne.

Den Geisteswissenschaften wird diese Huma-
nität sowieso zugesprochen – siehe Bernd-Olaf
Küppers. Vielleicht also haben Natur- und Geisteswissenschaften in ihren Grundsätzen mehr
Gemeinsames als Trennendes. Gerade in einer
Krisensituation ist es dringend notwendig, nach
diesen Gemeinsamkeiten zu suchen, sich zu
verbünden und sich mit gemeinsamer, starker
Stimme Gehör bei der Politik zu verschaffen.

Die einzige Wissenschaft, die sich wirklich
außerordentlich intensiv in die Politik eingemischt hat und es immer noch tut, ist die Ökonomie. Weder Physik noch Medizin, weder Geschichte noch Philosophie sind derart intensiv
mit der Politik und ihren Entscheidungsstruktu-
ren verflochten wie Volks- und Betriebswirtschaft.
Sie haben durch offizielle Beratergremien (wie
den Sachverständigenrat zur Begutachtung der
gesamtwirtschaftlichen Entwicklung, die »fünf
Wirtschaftsweisen«) einen viel erheblicheren Ein-

fluss auf politische Entscheidungen als alle anderen Wissenschaften, auch wenn die Kanzlerin ursprünglich als promovierte Physikerin tätig war. Es sei hier nicht verschwiegen, dass es auch den bereits erwähnten Wissenschaftlichen Beirat der Bundesregierung Globale Umweltveränderungen (WBGU) gibt, der 1992 ins Leben gerufen wurde, und einen Deutschen Ethikrat, eingerichtet 2008 als Nachfolgeorganisation des Nationalen Ethikrates (gegründet 2001). Seine Mitglieder werden vom Präsidenten des Deutschen Bundestages ernannt.

Zur Verteidigung der Ökonomen sei hier noch erwähnt, dass es unter ihnen auch Denkschulen gibt, die äußerst intelligente und praktikable Lösungen für neue marktwirtschaftliche Modelle und gerechtere, auch ökologisch zukunftstaugliche Gesellschaften entwickelt haben. Leider wurden ihre Ideen bisher kaum in irgendwelchen Staaten implementiert. Thomas Piketty, die Nobelpreisträger für Wirtschaft Abhijit Banerjee, Esther Duflo und Michael Kremer und auch die deutschen Ökonomen Marcel Fratzscher und Niko Paech sowie der Norweger Jørgen Randers wären hier zu nennen.

Aber sie bleiben, wie gesagt, ungehört. Selbst in der Coronakrise geht es Politik und Wirtschaft im

Wesentlichen darum, den Status quo vor Corona wieder zu erreichen. Neue marktwirtschaftliche Ideen sind ebenso wenig gefragt wie ökologische Ideen und Konzepte.

Dabei wäre ein neues ökonomisches Denken gerade in der momentanen, doppelten Krisensituation – Coronapandemie plus Klimakrise – dringend nötig. Denn die immer wieder öffentlich gemachten Beschwerden über angebliche Freiheitsbeschränkungen durch naturwissenschaftliche Empfehlungen sind doch letztlich das Ergebnis von viel zu viel Freiheit in der Verwirklichung persönlicher Interessen, die zuallererst auf den eigenen ökonomischen Erfolg zielen. Es ist die sehr freie Markwirtschaft, die uns in diese Lage gebracht hat, nicht die Naturwissenschaft. Das Versagen globaler politischer Institutionen bei der Verhinderung des Raubbaus an der Natur, das ist das Problem. Die Wissenschaften von den Vorgängen in der Natur sind in diesem Sinne nur die Überbringer der schlechten Nachrichten.

Einen gangbaren Weg der Zusammenarbeit zwischen Geistes- und Naturwissenschaften stellt zum Beispiel das Thema Anthropozän dar. Dieser Begriff beschreibt endlich einmal eine wissenschaftliche *Erzählung,* die alle Wissenschaften beinhaltet. Hier werden die grundlegenden naturwissenschaftlichen Erkenntnisse in Beziehung gesetzt zu sozialen, humanitären Handlungen und Wirkungen. Man spricht von den Verbindungen zwischen Natursphäre und Anthroposphäre. Hier geht es einerseits um die Nutzung von Wasser, Luft und Erde als Rohstoffquellen, Mobilitätsmedien und Abfallhalden, genauso aber um die Veränderungen der verschiedenen Systemanteile durch das, was wir Menschen tun. Andererseits beinhaltet das Anthropozän die humanitären Organisationsstrukturen und Infrastrukturen in Zeit und Raum. Ökonomische und kulturelle Netzwerke genauso wie Informationsverarbeitung und Kommunikationsformen. Das Anthropozän ist als großes wissenschaftliches Betätigungsfeld genau die richtige intellektuelle Antwort auf die großen Herausforderungen, in die uns die gewaltigen ökonomischen und ökologischen Transformationsprozesse der letzten Jahrzehnte hineingetrieben haben.

Ein weiteres bedeutendes Feld der Zusammenarbeit zwischen Geistes- und Naturwissenschaften wäre die Entwicklung und Etablierung eines weiterreichenden, tiefergehenden und innovativeren Bildungsweges für Kinder und Jugendliche. Denn unsere Jüngsten sind in den heutigen unübersichtlichen Zeiten mehr denn je ethischen Fragen ausgesetzt. Da gibt es die äußeren Einflüsse auf die Frage nach dem, was ich tun soll, aber vor allem auch die inneren Fragen nach dem Selbst und seinen Möglichkeiten. Unsere Welt, durchsetzt von Technik und Information, vermittelt oft den Eindruck, der junge Mensch würde nicht mehr gebraucht, und wenn, dann nur als Datenlieferant und Konsument. Wenn von seiner Neugier, Fantasie und Kreativität die Rede ist, dann zumeist im Zusammenhang mit dem Mangel an Fachkräften, als ob Schulen, Ausbildungsbetriebe oder Universitäten nur noch Zulieferer für die Ökonomie seien.

Diese durch ökonomisches Denken verursachte Verarmung vieler Lebensbereiche, die Reduktion der Lebensziele auf Rendite und Profit, hinterlässt bei vielen Jugendlichen den Eindruck der Alternativlosigkeit. Und natürlich passen sich die Jugendlichen an. Ein Lebensstil, der den wirtschaftlichen Erfolg des Einzelnen so in den Mittelpunkt stellt wie der unsrige, ruft Anpassungsstrategien hervor, die sich in ihrer Menge zu der Welt verdichten, die wir heute vor uns haben: Wettbewerb statt Kooperation, Individualisierung statt Gruppenerfahrung und natürlich das unentwegte Streben nach mehr. »Sie haben ihr Ziel erreicht« ist ein Satz, den nur noch das Navigationsgerät im Auto sagt. Ansonsten haben wir nie unser Ziel erreicht, alles muss mehr und immer besser werden. Selbst das Streben nach Effizienz ist längst aus der ökonomischen Welt in unseren privaten Alltag eingedrungen. In eine solche auf Perfektion und Effizienz ausgerichtete, durchökonomisierte Welt wachsen unsere Jugendlichen hinein.

Und stehen vor riesigen Problemen: Was sollen sie tun? Was können sie als Einzelne noch gegen dieses globale Dogma des 21. Jahrhunderts ausrichten? Zugleich erfahren sie, dass die Welt, in der sie leben, an allen Ecken und Enden in Krisen, Katastrophen und Konflikten steckt.

# Eine Stimme zur Entscheidungsfindung

Aus der Menge der Kritiker war auch zu hören: »Eine der tragischsten Taten, die eine Demokratie begehen kann, ist Selbstunterwerfung unter die rigiden Handlungsvorschriften einer klerikal auftretenden Naturwissenschaft aus Angst vor dem Unterworfensein unter die Macht der Natur.«[11]

Naturwissenschaften sind aufgrund ihrer Arbeitsweise inzwischen ein kollektives Unternehmen. Große wissenschaftliche Fragen benötigen zur Lösung zumeist ausgeklügelte Datenaufnahme- und Datenverwaltungssysteme, die sowohl personalintensiv als auch außerordentlich teuer sind. Die großen Wissenschaftsorganisationen sind fast ausnahmslos mit naturwissenschaftlichen und technischen Problemen befasst. Große Gruppen, international vernetzt, durch Fachjournale und Konferenzen kommunikativ verbunden, erfassen Daten, vergleichen sie mit Theorien und simulieren anhand der leistungsfähigsten Rechenzentren der Welt mögliche Zukunftsentwicklungen.

Die naturwissenschaftliche Forschungslandschaft ist geprägt durch einen Wettstreit der jeweils besten Theorien unter Nutzung einer gemeinsamen begrifflichen Basis. Das macht es möglich, die Modelle der anderen nachzuprüfen und aufs Neue zu testen.

Auch ist es so, dass etwas, das nachgemessen wird – und zwar genauer nachgemessen wird – einen weiteren Erkenntnisschritt bringen kann. Ein einfaches Beispiel dafür ist das Überprüfen der allgemeinen Relativitätstheorie anhand von Objekten, die sehr weit von uns entfernt sind, nämlich verschmelzenden schwarzen Löchern.

Mit einer Technologie, die auf der Quantenmechanik basiert, wurde nachgewiesen, dass Gravitationswellen von verschmelzenden schwarzen Löchern in der Messapparatur eine Längenveränderung von einem tausendstel Protonenradius hervorrufen. Hier wirkt das ganz Große aus Entfernungen von Milliarden Lichtjahren auf die Welt der Elementarteilchen ein, also auf das ganz Kleine.

Solche Präzisionsmessungen machen außerdem deutlich, dass die gedanklichen Konstrukte der Physik und Chemie, ihre grundlegenden Theorien über den Aufbau der Materie, ja, der ganzen Welt, tatsächliche Gültigkeit besitzen und weite Teile der Wirklichkeit korrekt beschreiben.

Diese Überprüfbarkeit von Aussagen anhand von Erfahrungstatsachen wie Experimenten und Beobachtungen unterscheiden empirische Wissenschaften fundamental von allen anderen wissenschaftlichen Auseinandersetzungen.

Prüfeinrichtungen, etwa die Physikalisch-Technische Bundesanstalt in Braunschweig und Berlin, sind dafür ein gutes Beispiel. Dort messen Atomuhren Raum und Zeit mit der atemberaubenden Präzision von 25 Stellen hinter dem Komma. Solche Einrichtungen gibt es in der ganzen Welt, das heißt, wir könnten in Frankreich zu einer ähnlichen Institution gehen, den gleichen Versuch durchführen und erhalten das exakt gleiche Ergebnis.

Das funktioniert auch über ideologische Grenzen und Gräben hinweg, wie viele wissenschaftliche Konferenzen während der Zeit des Kalten Kriegs bewiesen haben. Sowjetische und amerikanische Experimente brachten exakt die gleichen Ergebnisse, auch wenn die jeweiligen Ideologen immer der Meinung waren, ihr System sei das Bessere. Die Kapitalisten hatten genau die gleichen Naturkonstanten wie die dialektischen Materialisten. Wir sehen hier ganz klar: Ideologie oder klerikaler Dogmatismus haben mit Naturwissenschaften nichts gemein. »Klerikal auftretende Naturwissenschaften« sind also ein Widerspruch in sich, weil die Naturwissenschaft weder eine Geistlichkeit noch eine Religion ist, die Einfluss auf Staat, Regierung oder Gesellschaft ausüben will.

Das Kommunizieren von Erkenntnissen, die mithilfe des objektiven dritten Spielers, dem Experiment, gewonnen wurden, ist dagegen eine nötige und auch verpflichtende Aufgabe der Naturwissenschaft, um eine Gesellschaft vor möglichen Konsequenzen ihres Handelns aufzuklären. Aufklärung, nicht Klerikalismus, Dogmatismus oder gar Beherrschung der Natur sind das Ziel der Naturwissenschaft.

Wissenschaftliche Institutionen aller Couleur werden von der Gesellschaft finanziert. Sie tut das, weil es sich in der Tradition der Aufklärung als außerordentlich hilfreich erwiesen hat, wenn möglichst viele Menschen über möglichst viele Erkenntnisse verfügen, vor allem in einer Gesellschaft, die so sehr von Technologie, aber auch von

Komplexität geprägt ist wie unsere. Die Naturwissenschaften sind hier gegenüber der Gesellschaft sozusagen in der Bringschuld: Wissenschaftliche Erkenntnis, die für relevant erachtet wird oder gerade auch nicht, muss öffentlich geteilt werden.

Die Öffentlichkeit, unsere Gesellschaft, hat sich in einer bestimmten Form strukturiert, nämlich in Form eines freiheitlich demokratischen Rechtsstaats. Im Parlament werden Meinungen diskutiert und Mehrheiten für bestimmte Entscheidungen gefunden.

In einer Krisensituation stellt sich die Frage, welche Anteile der Meinungs- und Mehrheitsbildung im Parlament gewollt sind. Kritiker behaupten momentan, dass zu viele naturwissenschaftliche Kenntnisse in politische Entscheidungen einfließen würden.

Was das Klima und was die Pandemie betrifft, haben wir allerdings naturgemäß zwei kritische Situationen, in denen vor allem naturwissenschaftliche Erkenntnisse die Entscheidungsfindung beeinflussen.

Im konkreten Fall der Pandemie geht es etwa um die Frage, Maske oder nicht Maske? Das ist keine Meinungsfrage, sondern das ist einfach nur eine Frage nach den materiellen Bestandteilen, die der Mensch mit oder ohne Maske beim Sprechen und Atmen aussondert. Maskenpflicht hat also etwas damit zu tun, dass wir verhindern wollen, dass Krankheitserreger sich verbreiten.

Der kulturwissenschaftliche Aspekt, dass Masken in unserer Gesellschaft einen eher negativen Beigeschmack besitzen, spielt dabei eine untergeordnete Rolle. Menschen, die sich verbergen wollen, tragen Masken. Masken schaffen Entfremdung, Distanz, Anonymität, sie verhindern Nähe und Offenheit.

Noch intensiver wird über die Verwendung der neuesten Impfstoffe diskutiert. Vor allem die Kürze der Entwicklungszeit, aber auch die Wirkungsweise dieser völlig neuartigen Seren verursachen bei Teilen der Impfskeptiker ganz erhebliche Zweifel an deren Einsetzbarkeit. Dass die naturwissenschaftliche Forschung hier innerhalb kürzester Zeit äußerst wirksame Stoffe bereitgestellt hat, wird eher als Drohung denn als positives Versprechen gewertet. Gerade die neuen mRNA-Impfstoffe werden trotz aller Aufklärungsarbeit als biochemische Monster interpretiert, als mögliche Eindringlinge in unser Erbgut und damit als naturwissenschaftliches Manipulationsinstrument, das uns alle genetisch verändern soll. Mit anderen Worten: Impfung als Bedrohung unserer Würde und Freiheit als Individuen.

Dennoch sind es nicht die »klerikal auftretenden Naturwissenschaften«, sondern das Parlament, welches die Entscheidungen trifft. Dort werden die Optionen diskutiert, dort wird Pro und Kontra gegeneinander abgewägt. Am Ende steht keine klerikale Ansage, in der eine Person festlegt, was zu tun und was zu lassen ist, sondern ein demokratisch gefundener Beschluss.

Ähnlich verhält es sich beim Thema Klimawandel. Auf der einen Seite steht die große Zahl an Klimawissenschaftlern, die klar und unmissverständlich darauf hinweisen, was zu tun ist, wie viel Zeit wir noch haben. Auf der anderen Seite steht eine winzige Minderheit, die der Meinung ist: Um das Klima müssen wir uns nicht kümmern. Was heißt das für die Entscheidungsfindung in den politischen Institutionen?

Die schiere Menge völlig unabhängig voneinander agierender wissenschaftlicher Institutionen muss natürlich eine Rolle spielen, wenn politische Institutionen Entscheidungen treffen. Das ist wiederum keine klerikale Vorgehensweise, sondern eine Kommunikation von sedimentierter, durch immer neues Wissen untermauerter Erkenntnis.

Diese naturwissenschaftlichen Erkenntnisse sind komplexer als die bloße Meinung, dass der Klimawandel nicht existent sei. Und diese komplexe Erkenntnis geht einher mit einer großen Verantwortung für die, die erstens Wissenschaftskommunikation und zweitens Politikberatung betreiben. Es muss klar sein, dass es hier nicht um Hermeneutik oder Interpretation im geisteswissenschaftlichen Sinne geht, sondern um eine Abschätzung der Gewichtigkeit und Bedeutung von Tatsachen. Welche der Tatsachen, die bis zu einer gewissen Genauigkeit bekannt sind, sind die wichtigsten?

Konkret: Was ist wichtiger im Kampf gegen den Klimawandel, die Maßnahmen gegen das Baumsterben oder Maßnahmen zur Reduzierung des innerstädtischen Verkehrs? Was ist wichtiger im Kampf gegen die Ausbreitung der Pandemie, die Immunität der Kinder genauer zu untersuchen oder die genauen Übertragungswege zu definieren?

Das alles zu gewichten ist eine hohe Kunst. Man kann die Politikerinnen und Politiker nur dafür bewundern, dass sie in den ersten Monaten zumindest in Deutschland einen einigermaßen kühlen Kopf bewahrt haben und dabei stur der Linie gefolgt sind, die ihnen das Robert Koch-Institut und andere Virologen und Epidemiologen vorgeschlagen haben. Diese Linie setzte sich aus Vorschlägen und Empfehlungen zusammen, die auf momentanen Erkenntnissen basierten.

Die Entscheidungen werden letzten Endes immer vom Parlament und von der Exekutive getroffen. Und da, genau da, bei der Beratung der Politik, bei der Beratung einer demokratischen Regierung, spielen die Naturwissenschaften eine wichtige Rolle. Dabei sind sie neben den Stimmen aus den Geistes- und Sozialwissenschaften, die kulturpolitische, soziologische und andere Aspekte einbringen, eine Stimme unter vielen. Wenn wir dann die Freiheitsrechte des Subjekts aufgrund von Erkenntnissen aus der objektiven Welt einschränken, zum Beispiel durch das Tragen von Masken, dann müssen wir natürlich gute Begründungen haben. Aber es darf nicht sein, dass die Objektwissenschaften als Folge einer solchen Maßnahme sozusagen völlig aus der Politik rausgeschmissen werden. Das wäre ein Schritt zurück von der Aufklärung ins Klerikale.

# Der Mensch kommt
# auf die Welt ...

... und die Welt ist schon da. Das galt für Urmenschen genauso wie für uns heute. Und was unterscheidet uns heute vor allen Dingen von den Urmenschen? Vielleicht die Möglichkeit der Reflexion, sicherlich aber die der *wissenschaftlichen* Reflexion über die Welt. Denn was die Wissenschaften an Erkenntnissen gewonnen haben, ist auch Teil der Geschichte, aus der wir Menschen kommen.

Diese Geschichte ist in weiten Teilen, sprich über Jahrmilliarden, im wahrsten Sinne des Wortes unmenschlich, denn die biologische Evolution hat sich über lange Zeit ohne den Menschen vollzogen. Aber als es uns Menschen dann gab, haben sich in uns Erfolgsrezepte der Evolution besonders in unserem Erkenntnisapparat niedergeschlagen.

Dieser Erkenntnisapparat, unser Gehirn, diese biochemische Maschinerie, eröffnet uns gegenüber anderen Lebewesen schlicht mehr Optionen und ist damit ganz entscheidend für die *conditio humana*, die Natur des Menschen.

Wir sind das Tier, das versucht, in seinem Lebensraum aktiv Voraussetzungen zu schaffen, die es ihm ermöglichen, unter möglichst stabilen und sicheren Bedingungen zu leben. Dafür sind wir angetreten, das ist das, wozu unser Gehirn in der Lage ist. Wir sind fähig zu extrapolieren, vorauszuahnen: Was wird passieren, wenn ich was tue? Wenn ich einen Stein werfe, könnte er dort landen und kann dort dieses oder jenes bewirken. Das heißt, unsere Extrapolationsmöglichkeiten sind der erste Schritt.

Der zweite Schritt sind die immer wiederkehrenden Auseinandersetzungen mit Naturphänomenen, die uns gefährden, die unserer Existenz schaden. Schon die ersten Hochkulturen haben versucht, Wasserstände von Flüssen zu regulieren. Vor dieser Technik kam einmal zu viel Wasser und überflutete Felder und Siedlungen. Oder es kam zu lange zu wenig Wasser, und alles verdorrte. Also versuchten unsere Vorfahren, das Wasser zu regulieren, zu speichern.

Aber ist der Versuch, Wasser zu speichern, ein Versuch, die Natur zu beherrschen? Nein. Es ist der Versuch, die Bedingungen zu schaffen, unter denen sich die Gemeinschaft stabil und sicher und damit besser entwickeln kann.

Und so ging es weiter im Laufe der Menschheitsgeschichte, das Wechselspiel von Natur und Technik. Wir reagierten auf natürliche Herausforderungen durch technische Errungenschaften. Die Landwirtschaft, die Sesshaftigkeit, wir mussten uns nicht mehr in Höhlen verkriechen und Beeren sammeln. Wir bauten unsere eigene Hütte und hatten direkt vor der Türe Felder, auf denen Pflanzen wuchsen, von denen wir leben konnten. Wir domestizierten Tiere, weil wir sie essen wollten. Wir mussten nicht mehr tagelang auf die Jagd gehen, in der Hoffnung, ein Stück Wild zu erlegen, wir konnten in den Stall gehen und ein Tier schlachten.

Die gesamte Kulturgeschichte der Menschheit ist in erster Linie nicht der Versuch, die Natur zu beherrschen, sondern sich so weit wie möglich von dieser gewaltigen Natur zu emanzipieren.

Dabei spielt ein wichtiger Begriff eine Rolle. Die letzten Jahrzehnte haben diesen in den Naturwissenschaften, genauer gesagt in der Grundlagenforschung, hervorgebracht. Leider ist er in der Gesellschaft selbst und auch in der Politik noch nicht richtig angekommen. Es ist der Begriff der Grenzen.

Wenn man so will, ist die erste Publikation, die sich über Grenzen in einem naturwissenschaftlichen und sozialpolitischen Sinne auslässt, der 1972 erschienene Bericht des Club of Rome zur Lage der Menschheit, »Die Grenzen des Wachstums«.[12]

Die Studie zeigt im Grunde genommen eine Binsenweisheit, nämlich dass wir auf einem endlichen Planeten leben und deswegen nur über endliche Ressourcen verfügen. Aber inzwischen wird immer deutlicher, dass bereits ein *Annähern* an die Grenzen ein System vollkommen destabilisieren kann.

Das betrifft in erster Linie das Thema Klimawandel. Einen Lösungsansatz für menschliches Leben und Wirtschaften unter den Bedingungen des sich verändernden Klimas bietet die Resilienzforschung. Auch hier handelt es sich, wie beim Thema Anthropozän, um eine Synthese der Wissenschaften, in der verschiedene naturwissenschaftliche Strömungen zusammenfließen. Alle Ansätze münden in der Ökologie und behandeln das Systemische, die Systemteile und ihre Wechselwirkungen. Wie stehen sie untereinander in Interaktion?, lautet die Frage.

Und nicht zu vergessen, läuft unter dem Ganzen der lange, ruhige Fluss der totalen Grundlagenforschung weiter, wo immer wieder überprüft wird, ob denn die Voraussetzungen unserer Modelle hier oben und der Wirklichkeit da unten noch gegeben sind.

Eine besondere Rolle in der Grundlagenforschung spielt die Physik. Ihr verdanken wir die großartige Wechselwirkung, immer wieder bestätigt zu bekommen, dass alles in Ordnung ist. Und das ist die Voraussetzung dafür, dass wir diesen ganzheitlichen Wissenschaftsansatz überhaupt weiterverfolgen können.

Es ist wie in einem Orchester. Wenn wir immer befürchten müssten, dass sich die einzelnen Instrumente während des Spielens eines Musikstücks plötzlich verstimmen, dass auf einmal die Harfensaiten reißen und die Trompeten sich seltsam verbiegen, dann ließe sich keine Musik machen.

Auf die Naturwissenschaften übertragen, heißt das: Voraussetzung für die Wissenschaft ist, dass jedes Instrument extrem genau bekannt ist, dass man seine Eigenschaften genau identifiziert. Und wenn das nicht klar ist, kann dieses Instrument in einem Orchester genauso wenig eingesetzt werden wie in der Wissenschaft.

Was in einem Orchester von ebenfalls großer Bedeutung ist, ist das Zusammenspiel, das miteinander Spielen. In den Wissenschaften wäre das das miteinander Reden, miteinander Denken, miteinander Handeln. Und genau das wollen wir mit diesem Einwurf erreichen.

# Aufruf zum Gespräch

Dieses Buch ist ein Aufruf zum Gespräch. Wir haben versucht zu erklären, dass Vorwürfe der Art, dass klerikal auftretende Naturwissenschaftler die Kontrolle oder die Beherrschung der Natur und der Gesellschaft im Sinn hätten, völlig unangebracht sind.

In den Naturwissenschaften geht es um die *Beschreibung* der Natur. Und die Methodik der Empirie ist die erfolgreichste Methodik, um dies zu tun. Der axiomatische Weg – wenn, wenn, wenn, Strich drunter, Schlussfolgerung, überprüfen durch Experimente und Beobachtung, dann wieder an die Axiome ran –, das ist der Kreislauf, der funktioniert und uns immer detailliertere und neue Erkenntnisse über die Eigenschaften der Welt bringt.

Natürlich lässt sich die Welt auch mit Gedichten und Geschichten, mit Malerei und Musik beschreiben. Das ist eine existenzielle Auseinandersetzung mit der Erkenntnis, ich komme auf die Welt und die Welt ist schon da. Und die Kunst kann in einem Menschen die Liebe zur Natur auf ganz eigene und ganz besondere Art wecken. Das würde auch kein Naturwissenschaftler negieren. Aber die quantitative Beschreibung der Natur durch Forschung im Sinne von einem »Das ist so«, das ist nur in der Empirie möglich. Und zwar unabhängig vom Subjekt, von seiner Sozialisation, von seiner Tradition, von seinem historischen Hintergrund. Wenn ich einem anderen Menschen erklären will, was da ist in dieser Welt, dann ist die empirische Methode das A und das O.

Wenn es hingegen um ethische Verantwortung geht, ist der Schädel des anderen die Grenze, die wir nicht durchdringen können. Diese Grenze können wir eigentlich nur überwinden, wenn wir uns auf eine gemeinsame Sprache einigen, die unabhängig von unserer inneren Welt ist. Und diese gemeinsame Sprache ist die Mathematik. Sie ist völlig losgelöst davon, ob wir Kommunisten oder Kapitalisten sind, ob wir deprimiert oder fröhlich sind: $2+2=4$.

Das heißt, mit der Mathematik haben wir eine Sprache, die uns unabhängig von alldem, was uns Menschen ausmacht, ermöglicht, eine andere Dimension von Natur zu entdecken.

Metaphysisch könnte man hier natürlich fragen, was für Bedingungen eine reale Welt erfüllen muss, die in der virtuellen Welt, in der Welt der Ideen, nicht nötig sind. Da muss man sich entscheiden: Bist du Aristoteles, also die reale Welt, oder bist du Platon und sagst, es gibt neben der realen Welt noch eine Welt der Ideen.

Es kann aber auch sein, dass beide recht haben, dass es nämlich eine reale Welt gibt, dass es aber gleichzeitig auch eine unerklärliche Verbindung zu einer Welt der Ideen gibt, die wir weder kontrollieren noch verstehen können. Und dass gleichzeitig die Welt der Ideen immer wieder eine Inspiration durch die reale Welt braucht und umgekehrt ebenso.

In den Naturwissenschaften versuchen wir, diese beiden Welten zu verbinden, indem wir sagen, wir machen keine Experimente ohne Theorie, aber es gibt auch keine Theorie ohne Anlass. Es muss also zuallererst ein Phänomen geben, weshalb sich ein Einstein zum Beispiel mit so etwas Abgedrehtem wie der allgemeinen Relativitätstheorie beschäftigte. Ein solcher Gedanke kann nur aus der Ideenwelt kommen.

Viele Theorien, zum Beispiel über den Aufbau der Materie, sind zunächst einmal auf mathematische Konsistenz überprüfte Versuche. Wenn die Wissenschaftler dann aber den Kanal in die reale

Welt legen, tun sie das in Form von Vorhersagen, die in der realen Welt gemessen werden müssen. Die reale Welt ist sozusagen der Oberste Gerichtshof, der darüber entscheidet, welche Ideen aus der Welt der Ideen in der realen Welt überleben werden.

Die Entwicklung in den Naturwissenschaften führt zu immer mehr Konvergenz. Abgesehen von der sehr vitalen Grundlagenforschung, wo noch viele Fragen nicht geklärt sind, gibt es einen unglaublichen Korpus an Wissen, der längst in unser Allgemeinverständnis übergegangen ist. Das fängt damit an, dass die Erde eine Kugel ist, die sich um die Sonne dreht, und führt bis hin zum Aufbau der Materie aus Atomen und Molekülen. Auch die Grundlagen der Thermodynamik oder die Schwerkraft sind Dinge, die kein vernünftiger Mensch mehr in Zweifel zieht.

Wenn die Forschung aber am Anfang steht, wenn etwas ganz Neues auftaucht, gibt es natürlich Erkenntnisprobleme, so wie bei der Erforschung des neuartigen Coronavirus SARS-CoV-2.

Natürlich wissen wir, was ein Virus ist, unbekannt aber ist etwa der Ursprung der Viren. Die meisten Wissenschaftler gehen davon aus, dass

Viren keine Vorläufer zellulärer Lebensformen sind, sondern Gene von Lebewesen, die sich aus diesen herauslösten. Wir wissen, dass ein erheblicher Teil unseres Erbmaterials viral ist, das heißt, es muss einen vernünftigen Grund gegeben haben, diese Teile einzubauen. Und wir wissen auch, dass Viren sich verändern. Das könnte man sozusagen als Grundstock der Virologie annehmen.

Viele unserer Begriffe und Werte werden in diesem Erkenntnisprozess durch konkrete Probleme *verflüssigt*. Wilhelm Vossenkuhl hat diese These in seiner Abschiedsvorlesung an der Ludwig-Maximilians-Universität München präsentiert.[13] Was in einem Moment noch völlig klar war, kann sich im nächsten Moment, dank neuer Darstellungs- und Untersuchungsmöglichkeiten, als eher undurchsichtig erweisen. Das betrifft zum Beispiel die Frage, wann das Leben beginnt und wie es um die Würde des Lebewesens beschaffen ist. Durch Pränataldiagnostik zu Beginn des Lebens und lebensverlängernden Maßnahmen am Ende des Lebens wird eine umfassendere Klärung des Begriffs Leben erforderlich. Und wir merken, dass die Mittel der Naturwissenschaften alleine für ein solches Thema einfach nicht ausreichen.

Deswegen brauchen die Naturwissenschaftler

Partner an ihrer Seite. Vor allem in den beschriebenen Grenzgebieten, die so extrem komplex und deswegen nur schwierig zu fassen sind, ist dies ganz besonders wichtig. Geisteswissenschaftler könnten hier ansetzen, vor allen Dingen Philosophinnen und Philosophen. Denn das originäre Geschäft der Philosophie ist es, Begriffe zu klären, man könnte sagen, die Philosophie ist ein Klärwerk. Aber nicht nur das. Es geht auch um das Denken auf Vorrat, nach dem Motto: »Ich habe hier versuchsweise mal ein Problem durchdacht. Falls wir es mal haben sollten, habe ich hier eine mögliche Antwort.« Das ist von extrem großer Bedeutung.

Wenn es also um Normen und Werte geht, nach denen wir leben, handeln und Zukunft gestalten wollen, verlangt das die geisteswissenschaftliche Perspektive, die absolute Aufmerksamkeit, die uneingeschränkte Bereitschaft der Geisteswissenschaften, sich laut und klar einzumischen.

Auch deswegen, weil sie unsere Möglichkeiten der Extrapolation noch einmal erweitert, sich mit dem immer weniger Konkreten beschäftigt. Immer da also, wo die Dinge anfangen, sich zu verflüssigen, wo ein Ausbalancieren notwendig wird, ist die geisteswissenschaftliche Komponente wichtig.

Hier geht es nämlich nicht um eine Extrapolation im konkreten Sinne – wenn ich den Stein schmeiße, mit welcher Geschwindigkeit, in welchem Winkel wird er fliegen, wo wird er landen? –, sondern es geht darum, welche möglichen Folgen der Steinwurf haben könnte. Welche Konsequenzen könnte unser Handeln für die Gruppe, die Gesellschaft, für die Welt als Ganzes haben? Und das ist die geisteswissenschaftliche Perspektive, dort geht es um die menschliche Dimension. Das englische Wort für *Geisteswissenschaften* lautet deshalb auch sehr treffend *humanities*.

Geisteswissenschaften liefern uns die Innenperspektive der Gesellschaft, während Naturwissenschaften sich damit beschäftigen, was draußen in der Welt der Natur und der Technik vor sich geht. Das Geschäft der Politik vollzieht sich genau an dieser Grenze zwischen innen und außen. Genau an dieser Grenze sollten beide – Geisteswissenschaften und Naturwissenschaften – präsent und für die Öffentlichkeit transparent als Diskussionspartner zur Verfügung stehen. Da sein. Einerseits zur Klärung der Sachverhalte, andererseits zur Einschätzung unserer Freiheitsräume und damit für die Eingrenzung politischer Handlungsoptionen. Alle intellektuellen Perspektiven sollten dabei sein, ohne dass eine an den Rand gedrängt wird.

Zivilisationen konnten sich erst entwickeln, weil der Mensch lernte, die Natur in gewissem Maße zu beherrschen, sprich Randbedingungen zu schaffen, unter denen eine stabilere Existenz möglich war. Heute, so meinen wir, sollte der Mensch lernen, sich selbst zu beherrschen, seine Gier, sein immer mehr haben wollen – um nicht alles zu zerstören.

Hat uns die Wissenschaft, die Naturwissenschaft, zu viel ermöglicht? Oder haben wir von dem, was uns der Fortschritt möglich gemacht hat, immer nur das gewählt, was unseren scheinbar unstillbaren Hunger nach noch mehr sozialem Status, Macht und Geld am ehesten befriedigt hat?

Hat also die Naturwissenschaft versagt? Weil sie uns in ihren technischen Ausführungen Mittel in die Hand gegeben hat, für die wir ethisch nicht vorbereitet waren? Oder haben vielleicht die Geisteswissenschaften versagt? Weil sie es nicht geschafft haben, endlich ein Wertesystem in der Gesellschaft so erfolgreich zu etablieren und dem Großteil der Menschen zu kommunizieren, dass wir nicht immer wieder aufs Neue an die Grenzen unserer natürlichen Ressourcen stoßen? Ein Wertesystem, das nicht auf Gier und Egoismus basiert, sondern darauf, dass wir alle voneinander abhängen, dass auf unserer Seite nur Gegenseitigkeit und Miteinander und vor allem der Respekt vor der Natur ein gedeihliches Weiterleben möglich machen. In der Tat stellen sich seit Langem die Fragen: Was sind die ethischen, moralischen und rechtlichen Anforderungen, um eine Gesellschaft in Einklang zu bringen? Wie muss der Umgang mit Natur in all ihren Facetten aussehen, damit wir unsere grundlegenden Lebensbedingungen global nicht noch weiter verschlechtern? Vor allem: Was können wir als Einzelne und als demokratisch verfasste Gesellschaft mit den weit entwickelten Erkenntnismöglichkeiten unserer wissenschaftlichen Institutionen tun, damit all dies auch nachhaltig erfolgreich ist. Und lassen sich diese Anforderungen überhaupt gleichzeitig erfüllen?

Wir halten allzu gerne an alten Überzeugungen und Narrativen fest, versuchen unsere oft institutionalisierten, strukturellen Unzulänglichkeiten mit Tausenden *guten* Gründen zu rechtfertigen. Das betrifft den Umgang mit den Schwächsten unserer Gesellschaft ebenso wie unseren Umgang mit Natur und Umwelt. In Wahrheit aber können wir das alles ändern. Es ließen sich völlig neue Geschichten erzählen, vor allem auch dort, wo es um die Zukunft unserer Kinder geht, in den Schulen. Also, warum tun wir es nicht? Vielleicht deswegen, weil Philosophen, Soziologen und Ökonomen und auch Naturwissenschaftler die Chance und Möglichkeit nicht ausreichend nutzen, ihre Schreibtische und Labore zu verlassen, um der Welt von ihren neuen Erkenntnissen zu erzählen, diese zu vermitteln, eingebettet in spannende, interessante Erzählungen? Und zwar in Vorträgen, Videos und Podcasts, eben auf allen Kommunikationskanälen und in möglichst vielfältigen Formen, um so möglichst viele unterschiedliche gesellschaftliche Gruppierungen zu erreichen. Wenn sich ein 18-Jähriger mit einem 81-Jährigen über ebendiese Geschichten ohne Missverständnisse unterhalten kann, und wenn sie gemeinsam nach konstruktiven und akzeptablen Handlungsmöglichkeiten suchen können und sie auch finden, dann wäre ein wichtiges Ziel erreicht.

Vielleicht hat bis heute die Kooperation zwischen Geisteswissenschaftlern und Naturwissenschaftlern längst nicht so gut funktioniert, wie sie könnte. Warum auch immer. Dabei ist Kooperation die treibende Kraft der Evolution und das nicht nur aus biologischer, sondern auch aus sozialer Perspektive.

Nach Charles Darwin gab es zwei Kräfte, die die Evolution vorantrieben, die Mutation und die Selektion, bei der der Stärkere sich durchsetzt. Heute wissen die Evolutionsbiologen, dass es noch eine dritte entscheidende Kraft gab: die Kooperation. Und das schon am Beginn der Entwicklung von Leben: Zellen, die sich zusammenschlossen, hatten größere Chancen, in der lebensfeindlichen Umwelt zu überleben, als Einzeller. Genau dieses Prinzip behauptete sich in den Millionenjahren der Evolution. Natürlich gab es Individuen, die stärker waren als ihre Mitkonkurrenten. Wenn sich diese aber zusammenschlossen, hatte der einzelne Starke keine Chance mehr. Der Evolutionstheoretiker Martin Nowak sieht in der Kooperation die Architektin der Kreativität, die immer neue Geschöpfe hervorbrachte.[14]

Nowaks Evolutionstheorie erklärt auch, warum Menschen nicht nur auf den eigenen Vorteil fokussiert sind, sondern auch bereit sind, sich gegenseitig helfen und für ein übergeordnetes Wohl der Gemeinschaft zurückzustecken. Ebenso sind sich Soziologen heute einig, dass eine Kooperation über

Grenzen hinweg die soziale, kulturelle und ökonomische Evolution einer Gruppe oder einer Gesellschaft fördert. Und je komplexer eine Gesellschaft wird, desto sinnvoller und vorteilhafter ist es für alle Gruppen zu kooperieren. Eine Bedingung für Kooperation ist natürlich die Fähigkeit zur Empathie.

Aus den Blickwinkeln der Biologie und Soziologie entpuppt sich das Menschenbild des nutzenmaximierenden Egoisten als dürftige Karikatur der Evolution der Menschheitsgeschichte und als wenig zukunftstaugliches Wesen. Und das erst recht in Krisen oder Zeiten der Krisenbewältigung. Zu diesem Schluss kommt auch der amerikanische Medizinhistoriker und Dozent an der Johns Hopkins University Alexandre White, der aus medizinischer Sicht über die großen Seuchen und Pandemien der Geschichte, ihr Entstehen, ihre Verläufe und ihr Ende forscht:

»Wenn es eine Lehre gibt, die wir aus der Geschichte ziehen sollten, dann ist es die Tatsache, dass Pandemien keine Ländergrenzen respektieren, sondern global zuschlagen und jeden treffen können, unabhängig von Herkunft, Hautfarbe, Geschlecht oder sozialer Schicht. Deshalb müssen sie auch global bekämpft werden. Und zwar nicht mit Gewalt, sondern mit umfassender Aufklärung, Zusammenarbeit. Und mit der Einsicht, dass unsere Gesundheit kein individuelles Gut ist, sondern von anderen abhängt. Dazu aber müssen wir erst lernen, uns wirklich in andere Menschen hineinzuversetzen. Das Einzige, was langfristig hilft, ist Empathie. Erst wenn wir dieses Mitgefühl aufbringen, werden wir nicht nur Corona, sondern auch zukünftige Pandemien wirksam bekämpfen.«[15]

Eine Bedingung für Kooperation ist also die Fähigkeit zur Empathie. Vorausgesetzt wir finden als Gesellschaft zu diesem Miteinander, stellt sich aber immer noch die Frage: Wie sollen wir denn überhaupt handeln, wenn wir nicht genau wissen, welche Folgen es hat? Wie könnte eine Ethik in komplexen Zeiten aussehen und um was handelt es sich eigentlich, wenn man das Wort komplex verwendet? Wie können wir in unsicheren Zeiten ethisch handeln?

# Ethik in komplexen Zeiten

Nie war er so wertvoll wie heute, der gute Rat, der selbstverständlich nur dann gut ist, wenn er teuer ist. Um auf den Punkt zu kommen: Komplex ist weder kurz noch auf den Punkt, nur teuer kann es werden, wenn eine Situation unübersichtlich, vielschichtig, verwoben wird. Wenn wir Risiken nicht mehr überblicken können, dann sind eben auch die Schäden unüberblickbar. Die Welt ist komplexer geworden, aber gehen wir deshalb anders mit ihr um? Reagieren wir auf die von uns selbst geschaffene Komplexität? Mitnichten! *Business as usual, the show must go on, time is money.* Alles klar? Alles klar!

Hier werden Andeutungen gemacht, niemand wird konkret benannt, und doch weiß man, was gemeint ist. Und genau diese Rückkopplung, die Vernetzung einer Ebene mit möglichst vielen anderen, das versteht man unter Komplexität. Auch diese Rückkopplungsschleife, und jetzt diese hier, aufgrund derer man sich wundert und versucht, in einem linearen Text durch Abschweifungen,

Rückbezüglichkeiten und Sprünge zwischen Leser und Schreiber Komplexität entstehen zu lassen.

Beim Thema Komplexität kann man nicht nur leicht die Nerven, sondern auch die Neugier und Lust verlieren. Es geht eben nicht um Kompliziertes, sondern um *Komplexes*. Kompliziertes lässt sich lernen, weil es sich reduzieren, genauestens in seine Einzelteile zerlegen lässt. Da ist das Ding eben doch nur die Summe seiner Teile.

Um den Unterschied zwischen kompliziert und komplex zu verdeutlichen, präsentieren die beiden Physiker Klaus Richter und Jan-Michael Rost in ihrem Buch »Komplexe Systeme«[16] ein äußerst einprägsames Beispiel: Das Einbahnstraßensystem von Florenz. Es ist kompliziert. Wenn man allerdings einige Tag dort wohnt, dann hat man seine Struktur verstanden. Übung und damit Wiederholung nehmen dem Komplizierten den Stachel, und irgendwann beherrscht man die Lage. Das hängt damit zusammen, dass sich die Gegebenheiten und Bedingungen, unter denen man sich in Florenz auf den Straßen bewegen kann, nicht schlagartig verändern. Natürlich gibt es manchmal Baustellen und Umleitungen, aber es gibt keine spontanen Umkehrungen sämtlicher Verkehrsströme. Mit anderen Worten: Nach einer gewissen Zeit kann man prognostizieren, wann man wo in Florenz ankommt. Man kann die Konsequenzen seiner Handlungen absehen, kann Prognosen erstellen. Die Frage, wie man auf den Einbahnstraßen in Florenz ans Ziel kommt, lässt sich planen. Und genau deshalb ist diese Frage kein ethisches Problem, sondern ein kompliziertes.

Betrachten wir dagegen die komplexe Variante des Einbahnstraßensystems von Florenz. Komplex würde es, wenn die erlaubte Fahrtrichtung von der Dichte des Verkehrs abhängig wäre, wenn also die Zahl der Fahrzeuge selbst darüber entschiede, in welcher Richtung man fahren dürfe. Ab einer bestimmten Anzahl von Autos würde sich die Fahrtrichtung möglicherweise spontan, also plötzlich ändern. Womöglich würden sich Fahrzeughalter nach dieser Erfahrung per Smartphone zusammentun, um durch eine bestimmte Straße zu kommen. Der Verkehr würde sich selbst organisieren. Einfach zu prognostizieren wäre der Verkehr aber nicht mehr und damit auch nicht mehr planbar, es gäbe auch keine feste Straßenkarte mehr. Die oben gestellte Frage, wie ich ans Ziel komme, wäre nur zeit- und verkehrsabhängig zu beantworten, das Straßennetz wäre nicht mehr statisch, sondern dynamisch und unvorhersehbar. Komplexität vernichtet die Sicherheit einfacher Prognosen.

Und damit sind wir beim Knackpunkt.

Ethik ist jener Teilbereich der Philosophie, der sich mit den Voraussetzungen und der Bewertung menschlichen Handelns befasst. In ihrem Zentrum steht das spezifisch moralische Handeln, vor allem hinsichtlich seiner Begründbarkeit und Reflexion. Kurz und bündig geht es um die Fragen: »Was soll ich tun?«, »Wie handele ich richtig?« und »Nach welchen Normen soll ich meine Handlungen ausrichten?«

Ethische Fragestellungen behandeln grundsätzlich schwere und in keiner Weise eindeutige Entscheidungen (deshalb ist der Verkehr in Florenz kein ethisches Problem). Ethik ist die Philosophie des Dilemmas. Und Komplexität verschärft Dilemmata, denn sie enthält intrinsisch die Eigenschaft der Unvorhersagbarkeit, also das Fehlen zuverlässiger Prognosen. Prognostizierbarkeit ist aber die Bedingung der Möglichkeit der Reflexion. Wie soll ich über meine Handlungsoptionen rational reflektieren, wenn ich keine klaren Perspektiven für deren Wirkungen habe?

Werfen wir zur Veranschaulichung einen Blick auf die Physik komplexer Systeme. Über vier Jahrhunderte war die Stabilität der Welt das zentrale Thema der Physik. Ausgangspunkt der modernen Physik war dann der Triumph der Mathematisierung, also die Berechenbarkeit der Planetenbewegungen.

Als es im 17. Jahrhundert gelang, die Vorgänge am Himmel durch mathematisch formulierte Gesetze zu beschreiben, wurde das Tor zur Berechenbarkeit und damit Prognostizierbarkeit der Welt aufgestoßen. Weder die Sonnen- und Mondfinsternisse noch die Bahnen der Planeten oder die Bewegungen von Kometen blieben rätselhaft. Man konnte sie exakt vorausberechnen. Hier treffen wir auf das große Trio der Himmelsmechanik: Kepler, Galilei und Newton.

In den nachfolgenden Jahrhunderten wurde der Mythos von der uneingeschränkten Berechenbarkeit der Welt das Credo der wissenschaftlichen Gemeinde. Dieses Credo versprach die völlige Kontrolle über die Natur. Denn wer den Himmel berechnen kann, hat die Kontrolle. Es schien, als ob man alles ganz genau kalkulieren und damit kontrollieren könne. So behauptete der französische Astronom und Mathematiker Pierre-Simon Laplace 1814 Folgendes:

»Wir müssen also den gegenwärtigen Zustand
des Universums als Folge eines früheren Zustandes ansehen und als Ursache des Zustandes, der
danach kommt. Eine Intelligenz, die in einem gege-
benen Augenblick alle Kräfte kennt, mit denen
die Welt begabt ist, und die gegenwärtige Lage der
Gebilde, die sie zusammensetzen, und die überdies
umfassend genug wäre, diese Kenntnisse der Analyse zu unterwerfen, würde in der gleichen Formel
die Bewegungen der größten Himmelskörper und
die des leichtesten Atoms einbegreifen. Nichts wäre
für sie ungewiss, Zukunft und Vergangenheit lägen
klar vor ihren Augen.«[17]

Mit anderen Worten: Laplace war fest davon über-
zeugt, dass bei genauer Kenntnis der Orte und Ge-
schwindigkeiten aller Teilchen im Universum eine
Intelligenz imstande sei, die Zukunft des gesamten Weltalls voraus- und zurückzuberechnen, und
zwar für immer. Mehr Kontrolle geht nicht. Die
Welt von Laplace war völlig determiniert, die Ket-
ten von Ursache und Wirkung wohlbekannt und
für immer wohlgeordnet. Voraussetzung dafür
war allerdings, dass nur die mechanische Physik
Isaac Newtons wirkt.

Aber bereits während Laplace Lebenszeit gab

es Entdeckungen in der Physik, die die Voraussetzungen für diesen totalen Determinismus stark infrage stellten. Besonders das Feld der Thermodynamik und Elektrodynamik verwies auf eine Physik jenseits der Mechanik Newtons. Und als Henri Poincaré 1899 bewies, dass selbst einfachste mechanische Probleme wie das sogenannte Dreikörperproblem nicht geschlossen gelöst werden können, sondern chaotische, also unvorhersehbare Lösungen möglich sind, begann ein neuer Zweig der Physik: die Physik von Systemen, die empfindlich von Anfangs- und Randbedingungen abhängen.

Es begann die Untersuchung der realen, der wirklichen Welt, in der die Prozesse verwickelt, vernetzt und verwoben sind. Prozesse, in der die Teile aufeinander reagieren, rückkoppeln und damit die Bedingungen für zukünftige Entwicklungen verändern. Auf einmal war die Zeit kein einfacher Parameter mehr, der für die Lösung einer Differentialgleichung (nichts anderes sind die Naturgesetze) einfach immer wieder auf null, also auf Anfang, gestellt wird oder als reine Uhrzeit betrachtet werden kann.

In diesen Untersuchungen der »widerspenstigen Wirklichkeit« wurde die Zeit, das was vorher *war*, auf einmal der wichtigste Akteur. Sie ist die Bedingung der Möglichkeit für die Entstehung und Funktionalität komplexer Systeme, vor allem für das ungeheuer faszinierende Phänomen Leben. Denn Lebewesen sind komplexe Systeme, deren Entstehung, Entwicklung und Verschwinden immer eine Frage der Zeit ist. In keinem Bereich wird die Bedeutung der Zeit so deutlich wie beim komplexen Phänomen Leben.

Die starke Kausalität bei Laplace lässt die Entstehung fundamental neuer Eigenschaften nicht zu. Bei ihm kommt immer dasselbe oder etwas sehr Ähnliches heraus. Starke Kausalität fordert nämlich, dass ähnliche Ursachen immer und ausnahmslos ähnliche Wirkungen hervorrufen. Eine stark kausal verknüpfte Welt stellt quasi eine Art Kristall dar, in dem sich zwar kleine Schwankungen entwickeln, die aber rasch immer wieder in den alten Zustand zurückpendeln. Dabei spielt die jeweilige Zeit natürlich keine Rolle. Die Welt der Deterministen braucht keine Zeit.

Ganz anders verhält sich dies bei Systemen, die empfindlich davon abhängig sind, was vorher passierte. Sie erlauben Überraschungen, Varianten und Variationen, sie erlauben die Entstehung neuer Eigenschaften. Damit sind sie aber strukturell instabil, das Gegebene muss ja schließlich zumindest in Teilen zerstört und in etwas Neues verwandelt werden. Natur ist überhaupt nur Natur, insofern sie instabilitätsfähig ist, schreibt der Darmstädter Philosoph Jan Cornelius Schmidt in seinem klugen Buch »Das Andere der Natur: Neue Wege zur Naturphilosophie«[18].

Darin hebt er die starke Zeitabhängigkeit jeder Komplexität heraus. Das bedeutet auch ein völlig anderes Verständnis von Kausalität. Komplexität stellt den intrinsischen Indeterminismus der Welt heraus. Ähnliche Ursachen können völlig unterschiedliche Wirkungen hervorrufen, je nach Anfangs- und Randbedingungen.

Leider geht damit etwas verloren, was den überragenden Erfolg der Physik als Grundlage jeder empirischen Naturforschung ausmacht: die eindeutige Prognostizierbarkeit empirischer Hypothesen, die sich immer und ausnahmslos im Experiment und in der Beobachtung bewähren müssen. Dann und nur dann, wenn sich die Vorhersagen der Theorien durch Messungen bestätigen – und am besten mit immer größerer Genauigkeit bestätigen –, bleiben die Theorien *am Leben*.

Die herausragenden Theorien über die Struktur der Materie, die Struktur des Universums und seiner Elementarteilchen sind alle mit kaum fassbarer Genauigkeit bestätigt. Sie sind sogar aufs Engste miteinander im kosmologischen Modell des Urknalls verknüpft. Hier verschmelzen Elementarteilchenphysik und Astrophysik. Ausgehend von der empirischen Grundforderung, grundsätzlich Messungen vorzunehmen, um zwischen Ursache und Wirkung zu unterscheiden, lässt sich aus einer Mischung von Allgemeiner Relativitätstheorie und Quantenfeldtheorie sogar der erkenntnistheoretisch erlaubte Anfang des Universums berechnen. Denn die Kombination beider Theorien definiert dank zweier Grenzbedingungen eindeutig den Rand der erkennbaren Wirklichkeit: einerseits die kleinste Wirkung, das Planck'sche Wirkungsquantum, und andererseits die größte Wirkungstransportgeschwindigkeit, die Lichtgeschwindigkeit. Es ergeben sich die kausal kleinsten Längen- und Zeiteinheiten, mit denen unser Universum begonnen haben kann: Die kleinste kausal sinnvolle Länge ist zwanzig Größenordnungen kleiner als die Ausdehnung eines Protons, also $10^{-35}$ Meter, und die entsprechende Zeitskala (die Plancklänge dividiert durch die Lichtgeschwindigkeit) beträgt $10^{-43}$ Sekunden. Diese beiden Ausgangspunkte vereinigen die gesamte kosmische

Natur, aus ihnen konnten sich alle Elementarteilchen entwickeln, aus denen wiederum Atomkerne wurden und später dann Galaxien, Sterne, Planeten und das Gas zwischen diesen Objekten. Damit wird die metaphysische These von der Einheit der Natur, nämlich dass die Natur ein Ganzes ist, in der mindestens die Naturgesetze gültig sind, die wir bis heute aufs Genaueste in Experimenten bestätigt finden, und ebenso das kosmologische Modell des heißen Anfangs aufs Beste bestätigt.

Diese Einheit ist die Bedingung der Möglichkeit, Astrophysik und Kosmologie zu betreiben, denn sie bestätigt die Annahme, dass die Naturgesetze, die wir auf der Erde entdeckt haben, immer und im ganzen Universum gültig sind. Damit wurde ein fundamentales Prinzip bestätigt, und zwar im ganz Kleinen bei den Elementarteilchen wie im ganz Großen beim Universum

Natürlich gelten diese Naturgesetze auch in der Welt dazwischen, unserer Lebenswelt, in der wir agieren und reagieren. Aber die Anfangs- und Randbedingungen unseres spezifischen Planeten sind ganz andere als die Zustände zwischen den Quarks in den Bausteinen der Atomkerne oder im Gas zwischen den Galaxien. Dies darf uns auch nicht weiter verwundern, denn damit Lebewesen auf einem Planeten entstehen, reichen die einfachen Bedingungen des Weltalls nicht aus.

Das Weltall ist groß, fast vollständig leer und außerordentlich kalt. Die Temperatur des Universums beträgt minus 271 Grad Celsius, die mittlere Dichte ein Teilchen pro Kubikmeter und die Abstände zwischen den Sternen werden in Lichtjahren angegeben.

Unser Planet hingegen ist ein außerordentlich vielschichtiges Netzwerk von komplexen Prozessketten. Auf der Erde interagieren Sphären miteinander: die Sphäre des Luftmeeres über uns, die Sphäre der fließenden und stehenden Gewässer, die Sphäre des Eises, die Sphäre des Lebens und der inneren Bewegungen des Planeten. Sie alle wirken aufeinander und miteinander, sie reagieren auf Veränderungen in den jeweils anderen Sphären und verändern sich auf diese Weise ständig selbst.

Den vernetzten, hochkomplexen biochemischen Selbstorganisationsphänomenen gelingt es sogar, die für das Leben wichtigen Randbedingungen zu erschaffen und zu stabilisieren. Man denke nur an die Photosynthese, die bei Nutzung der Sonnenenergie Sauerstoff freisetzt, dessen atmosphärischer Anteil auch für die Ozonschicht in der Hochatmosphäre verantwortlich ist. Dank des Ozons wiederum wird das Leben auf der Erde vor der molekülzerstörenden Ultraviolettstrahlung der Sonne geschützt.

Jede Zelle ist ein solches Kompartiment, das sich selbst die Bedingungen erhält, die es zum Überleben braucht. Die Sphäre des Lebens ist ein besonders deutlicher Ausdruck für die Instabilitätsfähigkeit und damit Selbstorganisationsfähigkeit der Natur, vorausgesetzt, die Rand- und Anfangsbedingungen stimmen. Und für jeden Teil in diesen komplexen Sphären gilt die Bedeutung der starken Zeitlichkeit, also der empfindlichen Abhängigkeit von Rand- und Anfangsbedingungen. Was sich auf der biochemischen Ebene alles abspielen kann, hängt davon ab, was vorher in Zeit und Raum passiert ist.

Auf der Erde kommt seit einiger Zeit noch eine andere Sphäre hinzu, die des Menschen. Der Mensch hat den Planeten durch Wissenschaft, Wirtschaft, Kultur, Technik und Politik verwandelt. Kein Lebewesen ist so ziel- und zweckgerichtet wie wir. Den Einfluss und die Wirkung dieser Sphäre auf den ganzen Planeten fasst man unter dem Begriff *Anthropozän* zusammen: das Erdzeitalter, das durch den Menschen geprägt ist. Fakt dabei ist: Wir haben den Planeten mit den Mitteln der Technologie so sehr beeinflusst, dass durch Ressourcenverschwendung, globale Erwärmung und ungezügeltem Renditestreben unsere Lebensbedingungen dramatisch verändert und damit die Perspektiven für zukünftige Generationen drastisch verschlechtert werden.

Und damit sind wir wieder beim Ausgangspunkt angelangt: Der Frage nach der Ethik in komplexen Zeiten. Nachdem wir jetzt also die Empfindlichkeit unserer Welt sogar von der Wissenschaft bestätigt finden, die das selbst bisher aus ihren Forschungen, soweit es ging, herausgehalten hat, können wir uns der Handlungsebene der Subjekte in der objektiven Welt zuwenden.

Physik als Wissenschaft der quantitativen, objektiven Messung und Berechnung natürlicher Vorgänge liefert die genauesten Ergebnisse über die Struktur der Naturgesetze auf allen der Messung zugänglichen räumlichen und zeitlichen Skalen. Aber erst die Kombination dieser Gesetze mit Anfangs- und Randbedingungen ermöglicht die Erforschung unserer direkten Lebenswelt, die strukturell hochkomplex ist und deren Komplexität durch unsere Anwesenheit sogar noch weiter angestiegen ist. Und genau hier beginnt natürlich die Extrapolation unserer Handlungsoptionen für die Zukunft. Gerade die Erkenntnisse der Physik komplexer Systeme mit ihrer hohen Empfindlichkeit auf alles und jeden verweist auf die Verantwortung, die ein Lebewesen hat, das der Reflexion über sein Handeln fähig ist.

Ebenso verweisen die komplexen Systeme auf die herausragende Rolle allerkleinster Veränderungen durch einzelne Teilnehmer. In den 1960er-Jahren nannte man das den Schmetterlingseffekt. Kleinste Veränderungen in den Anfangsbedingungen können revolutionäre Wirkungen hervorrufen. Und je komplexer ein System wird, umso empfindlicher wird es für solche Ausgangsschwankungen. Kombiniert mit dem Imperativ in Hans Jonas' berühmtem Werk »Prinzip Verantwortung«[19] könnte sich daraus ein ethischer Rahmen ergeben, der hoffnungsvoll jeder einzelnen Person nicht nur Verantwortung auferlegt, sondern auch das Potenzial, mit seiner Handlung Gutes, Richtiges und Wahres zu tun. Jonas' Forderung war ja: Handle so, dass die Wirkungen deiner Handlung verträglich mit der Permanenz echten menschlichen Lebens auf Erden sind.

Echtes menschliches Leben meint Leben in Frieden, Freiheit und gerechten Lebensumständen. Dazu gehört es, Krieg und Diktatur zu verhindern, aber auch die natürlichen Lebensbedingungen für alle zu erhalten. Am deutlichsten werden die damit verbundenen Ziele in der Agenda 2030 der Vereinten Nationen zusammengefasst:

*Keine Armut – Kein Hunger – Gesundheit und Wohlergehen – Hochwertige Bildung – Geschlechtergleichheit – Sauberes Wasser und Sanitäreinrichtungen – Bezahlbare und saubere Energie – Menschenwürdige Arbeit und Wirtschaftswachstum – Nachhaltige wirtschaftliche Entwicklungen – Weniger Ungleichheiten – Nachhaltige Städte und Gemeinden – Verantwortungsvoller Konsum und Produktion – Maßnahmen zum Klimaschutz – Ozeane und Meere nachhaltig erhalten und nutzen – Landökosysteme schützen, nachhaltig erhalten und nutzen – Frieden, Gerechtigkeit und starke internationale Institutionen – Globale Partnerschaft.*[20]

Der Begriff der Komplexität liefert jeder ethischen Diskussion die Grundlage für die Bedeutung des Einzelnen. Jeder von uns kann den entscheidenden Anstoß für eine neue, bessere Entwicklung geben. Jeder hat nicht nur das Potenzial, über seine Handlungen nachzudenken, sondern kann eben auch handeln. Die empirischen Wissenschaften können der ethischen Debatte einen völlig neuen Anstoß geben, indem sie auf die Möglichkeit des Neuanfangs in kleinen und überschaubaren Lebensbereichen hinweisen. Natürliche Systeme verändern sich tatsächlich vom Kleinen zum Großen, allerdings bei stetiger Verwandlung der Rahmenbedingungen im Großen.

Dies sind Erkenntnisse der letzten Jahrzehnte, in denen die Naturwissenschaften nicht nur die Inventur der Natur weiter vervollständigen konnte, sondern sich den komplexen Netzwerken natürlicher Systeme mit ihren hoch entwickelten experimentellen und theoretischen Analyseverfahren zugewandt hat. Insbesondere das Thema Klimawandel ist das Paradebeispiel dafür, wie diese neuen Naturwissenschaften, die man vielleicht als allgemeine Ökologie bezeichnen könnte, mit den Geisteswissenschaften, den Wissenschaften vom menschlichen Handeln und seinen Konsequenzen, eine sehr fruchtbare Symbiose eingegangen sind. Hier wird eben nicht nur die physikalische, chemische oder biologische Dimension dargestellt und untersucht, sondern es werden immer zugleich die Konsequenzen der Sphäre des Menschen mitgedacht und berücksichtigt. Hier könnte sich eine neue ethische Debatte wichtige Denkanstöße holen, um damit auch andere Problemfelder gemeinsam zu behandeln. Damit eine solche kollektive wissenschaftliche Gemeinsamkeit auch in der Gesellschaft fruchtbar werden kann, muss die Gesellschaft verstehen, wie Wissenschaft funktioniert.

# Wie kann die Gesellschaft Wissenschaft verstehen lernen?

Mit dieser Frage sind wir wieder ganz am Anfang, bei der Aussage von Isaac Asimov: »Eine Öffentlichkeit, die nicht versteht, wie Wissenschaft funktioniert, kann allzu schnell den Unwissenden und Blendern verfallen ...«

Nutzen wir die Thesen des klugen Werkes von Lewis Wolpert mit dem Titel »Unglaubliche Wissenschaft«.[21] Er schreibt dort unter anderem, dass die Naturwissenschaften das erfolgreichste intellektuelle Projekt der Menschheit darstellen. Und weiter stellt er fest, dass keine Geistesströmung die Welt so nachhaltig verändert hat wie das ununterbrochene Wechselspiel zwischen theoretischer Vermutung und experimenteller Überprüfung sowie den aus der Grundlagenforschung abgeleiteten Technologien. Wolpert meint, dass wir durch die wissenschaftliche Durchdringung fast sämtlicher Naturräume inzwischen zur dominanten Spezies auf dem Planeten geworden sind.

Die Wissenschaft ist zweifellos das prägende Merkmal unserer Zeit und charakterisiert die westliche Zivilisation. Wir untersuchen Natur, verändern sie nach unseren Zielen und Zwecken und zerstören damit auch natürliche Kreisläufe und Netzwerke. Das machen wir nicht nur in den industrialisierten Ländern, sondern auf dem ganzen Planeten. Wir beuten ihn aus. Dass wir damit auch unsere eigenen Lebensgrundlagen zerstören, nehmen wir wissentlich oder nichtwissentlich in Kauf. Auf jeden Fall geschieht es, der Klimawandel ist nur eine Facette dieser Zerstörungswelle.

Ausgangspunkt dieser katastrophalen Schlussfolgerung ist der Erfolg der Naturwissenschaften, ihre Effizienz und Effektivität. Wer hätte denn auch erwartet, dass wir mit unseren beschränkten und einfachen Modellvorstellungen so tief ins Regelwerk der uralten, natürlichen Zusammenhänge unseres Planeten eingreifen können? Ist die Natur etwa so einfach, dass Menschen derart mit ihr umspringen können?

Die Antwort ist erschütternd: Natur ist nicht einfach, aber wir machen sie uns einfach. Unsere theoretischen Modelle sind Idealisierungen von Natur. Wir lassen viele störende oder zu komplizierte Einflüsse einfach weg. Wir isolieren im Experiment das, was uns interessiert. Aus diesen idealisierten Isolationsversuchen schließen wir auf grundlegende Eigenschaften der Bausteine der Welt. Mit dieser Vereinfachung aufs Wesentliche sind wir sehr weit gekommen. Hätten wir versucht, die Natur als Netzwerk, als unmittelbar miteinander verwobenes Geflecht an Netzwerken und Kreisläufen zu verstehen, wären wir bereits am Anfang gescheitert. Aber durch teilweise sehr große Vereinfachungen ist es uns gelungen, ein *Tor in die Natur* zu öffnen. Durch Konzentration auf einige wenige grundlegende Prinzipien und Gesetze haben wir einen tiefen Blick in natürliche Zusammenhänge nehmen können. Seit 400 Jahren ist es diese Reduktion, die es uns gestattet, auch äußerst abstrakte und wenig anschauliche Phänomene der Natur zu durchdringen und für uns nutzbar zu machen.

Wer sich beruflich mit den Naturwissenschaften auseinandersetzt und sie vielleicht sogar hinterfragt, für den sind diese grundlegenden Bemerkungen längst in Fleisch und Blut übergegangen. Er oder sie weiß von den Grenzen und Einschränkungen der quantitativen Wissenschaften, trotz all ihrer Erfolge und Triumphe.

Aber wie steht es um dieses Verständnis in der

Gesellschaft? Sie nutzt zwar alles, was ihr nützlich ist, aber weiß sie auch von den Hintergründen, ja den Risiken der Erkenntnisse aus Physik, Chemie und Biologie?

Gegenwärtige Haltungen zur Wissenschaft zeugen sowohl von Ambivalenz als auch von zunehmender Polarisierung. So gibt es viel Interesse und Bewunderung für die Wissenschaft, aber auch den unrealistischen Glauben, dass sie alle Probleme lösen könne. Aber das kann die Wissenschaft natürlich nicht! Wie auch? Die Gesellschaft lebt mit einer großen Unkenntnis der wissenschaftlichen Herangehensweise und deren Begrenzungen. Sie weiß nicht genau genug, wie Wissenschaft funktioniert und hat deshalb entweder zu romantische oder zu teuflische Vorstellungen über deren Wirkungsmacht.

Ein wunderbares Bonmot zur Frage, was Forschung sei, lautet: 90 Prozent Transpiration und nur zehn Prozent Inspiration. Tja, so ist das. Disziplin im Denken und das immer wieder aufs Neue geübte, immer tiefere Verständnis von mathematisch formulierten Prinzipien und Gesetzen sowie Sorgfalt, Genauigkeit, ja Pingeligkeit und Perfektionismus der Experimente. Per aspera ad astra, nur durch Anstrengung kommst du zu den Sternen.

Die meisten Menschen kennen diese Denkstrenge und Disziplin nur dann, wenn sie persönlichen Kontakt zu Forschenden haben. Die Öffentlichkeit als Ganzes weiß von alldem sehr wenig. Sie weiß nichts von den Enttäuschungen und Frustrationen der nach Ergebnissen und Erkenntnis Suchenden. Theorien die scheitern, Experimente, die einfach nicht genau genug sind. Die Veröffentlichung in Fachzeitschriften, die Begutachtungen. Alles das vollzieht sich unsichtbar und schlägt sich hin und wieder nieder in Zeitungsberichten über Neuigkeiten aus der Forschung. Und gerade dort erwartet die Öffentlichkeit, dass man sie so informiert, dass sie ohne große intellektuelle Anstrengung mit den Ergebnissen der Forschung etwas anfangen kann. Lustigerweise bezeichnet die wissenschaftliche Welt gerade die Kontakte zur Gesellschaft mittels populärer Vorträge, Videos und Zeitungsberichte als Öffentlichkeits*arbeit*. Ein interessanter Begriff: Ausgerechnet die Brücke zu den »Menschen außerhalb der Institute« wird explizit mit dem Wort *Arbeit* versehen. Und in der Tat, die Elementarisierung fortgeschrittener Forschungsergebnisse ist Arbeit, denn gerade die komplexen Systeme setzen dieser durchaus verständlichen Erwartung leicht ver-

ständlicher und am liebsten auch leicht verdaulicher Darstellung deutliche Grenzen, manchmal
sogar enge Grenzen.

Komplexität verlangt nämlich Aufmerksamkeit. Sie ist verwickelt, ist eben nicht mehr grundsätzlich in einzelne, wohldefinierte Prozesse zu
trennen, deren Einfluss nach alter Manier unterschiedlich gewichtet werden kann. Das alte Verfahren der Vereinfachung – was ist ganz wichtig,
was ist weniger wichtig und was ist zunächst völlig unwichtig – funktioniert nicht mehr. In einem
System, in dem alles miteinander verbunden ist,
klappt die Reduktion, die Isolation und Idealisie-
rung nicht mehr. Das verlangt auch von der Öffentlichkeit mehr als nur oberflächliches Interesse. Es verlangt aktive Selbstbeteiligung, um
auch nur im Ansatz zu verstehen, was das bedeutet: komplex.

Und während große Teile unserer Gesellschaft
noch denken, die Natur sei eine vollständig zu be-
rechnende Maschine, überfällt uns ein Virus aus
China und bringt alles durcheinander. Das Ergebnis sind schwerwiegende Missverständnisse über
die tatsächlichen Möglichkeiten und Risiken naturwissenschaftlicher Forschung.

Beispiel gefällig? Die Kenntnisse über Corona-viren! Keine Frage, die Virologie wusste bereits zu Beginn der Pandemie viel über diese Art von Viren. Aber welche konkreten Eigenschaften die neuen Varianten besitzen, ergibt sich gerade erst aus den Krankheitsverläufen in den unterschiedlichen Ländern und Bevölkerungsgruppen. Parallel erforschte die Epidemiologie mit ihren eingeübten statistischen Verfahren die großräumige Entwicklung der Pandemie.

Die Analysen beider Wissenschaftsbereiche brauchen Zeit und müssen immer wieder verfeinert und erneuert werden. Der von uns mehrmals angesprochene steinige Weg des »Emporirrens« wird uns nur zu deutlich.

Und jetzt erwarten wir, dass alles wieder so wird, wie es vor Ausbruch der Coronapandemie war. Aber wichtige Fragen sind gar nicht geklärt. Und ein Ende der Krise, der Naturkatastrophe ist nicht in Sicht. Da muss weiter geforscht werden, und es wird vielleicht noch lange dauern, bis wir mit dem Coronavirus so umgehen können wie mit den Virusinfektionen, an die wir uns längst gewöhnt und angepasst haben. Mit anderen Worten: Die Forschung kommt hier an die Grenzen unserer Wunscherfüllung. Denn so wie sich viele Wissenschaft wünschen, nämlich dass sie eine klare Antwort auf eine klare Frage geben und das möglichst schnell, so funktioniert Wissenschaft nicht, so hat sie noch nie funktioniert.

Und weil große Teile der Öffentlichkeit wenig oder keine Ahnung davon haben, wie schwer und schwierig die Erlangung einigermaßen gesicherter wissenschaftlicher Ergebnisse ist, sind skeptische Äußerungen wie der Vorwurf, Naturwissenschaftler seien die neuen Klerikalen, äußerst problematisch. In Zeiten schwerer Krisen, in komplexen Systemen würden Geduld und Vorsicht die richtige Diskussionsatmosphäre schaffen, nicht Druck und radikale Ansprüche auf sogenannte Freiheitsträume, die bei genauerer Betrachtung oft allein dem Egoismus geschuldet sind.

Komplexität verlangt Genauigkeit, Sorgfalt und möglichst detailreiche Sachkenntnis. Dann und nur dann gelingen Entscheidungen. Vergessen wir nicht: Nach der Pandemie ist vor der Pandemie! Und das alles in Zeiten eines sich wandelnden Klimas mit daraus folgenden extremen Veränderungen von Lebensräumen, mit Ressourcenendlichkeit, mit der Zerstörung biologischer Vielfalt und globalen Migrationsbewegungen.

Die alte Frage nach dem Tunsollen und Tunkönnen braucht in dieser herausfordernden komplexen Welt ein konstruktives Verhältnis von Gesellschaft und Wissenschaft. Um die oben genannten Risiken und katastrophalen Szenarien zu bestehen, muss die Gesellschaft lernen, dass sie wieder mehr lernen muss über die Natur und ihre Erscheinungen.

Und auch die Naturwissenschaft muss lernen, nämlich wie sie ihre Ergebnisse, auch in ihrem Abstraktionsgrad und in ihrer Schwierigkeit, so elementarisieren kann, dass alle wissen, wovon die Rede ist. Wenn diese Schritte gelingen würden, wäre eine Debatte über die Werte, nach denen wir leben wollen und die für uns nicht verhandelbar sind, zielführend.

Nach der technisch durchgeführten naturwissenschaftlichen Inventur käme der kulturelle, geistes- und sozialwissenschaftliche Diskurs. So entstünde eine wissenschaftlich geprägte, rationale Demokratie, die sich den komplexen Herausforderungen der Zukunft mit großer innerer Widerstandskraft stellen kann.

Vielleicht können nur die nachfolgenden Generationen diese Forderungen erfolgreich einlösen.

# Anmerkungen

1   Harry G. Frankfurt, »Bullshit«, Suhrkamp Verlag, Frank-
    furt am Main 2019, S. 45 f.

2   Gerhard Vollmer, »Auf der Suche nach Ordnung«, S. Hirzel
    Verlag, Stuttgart 1995, S. 21 ff.

3   Die aktuelle Statistik zur weltweiten Kindersterblich-
    keit ist abrufbar auf der Website von UNICEF: https://
    www.unicef.de/informieren/aktuelles/blog/kindersterb-
    lichkeit-weltweit-warum-sterben-kinder/199492 (Stand:
    10.03.2021)

4   Thea Dorn, »Nicht predigen sollt ihr, sondern forschen!«,
    Die Zeit, 24/2020, 4.6.2020.

5   Alle Berichte des IPCC sind abrufbar auf der Website der
    deutschen Koordinierungsstelle des IPCC: www.de-ipcc.de

6   Stefan Rahmstorf, »Die Menschheit verliert die Kontrolle
    über den Zustand der Erde«, Spiegel Online, 31.8.2019.

7   Thea Dorn, »Nicht predigen sollt ihr, sondern forschen!«,
    wie Anm. 4.

8   Bernd-Olaf Küppers, »Nur Wissen kann Wissen beherr-
    schen: Macht und Verantwortung der Wissenschaft«,
    Fackelträger Verlag, Köln 2008, S. 256.

9   C. P. Snow, »The Two Cultures and a Second Look: An
    Expanded Version of the Two Cultures and the Scientific
    Revolution«, Cambridge University Press, Cambridge 1964.

10  Bernd-Olaf Küppers, »Nur Wissen kann Wissen beherr-
    schen«, wie Anm. 8, S. 257.

11  Thea Dorn, »Nicht predigen sollt ihr, sondern forschen!«,
    wie Anm. 4.

12  Dennis Meadows, »Die Grenzen des Wachstums. Bericht

des Club of Rome zur Lage der Menschheit«, Deutsche Verlags-Anstalt, München 1972.

13 Wilhelm Vossenkuhl, »Gunst und Geltung. Über die Veränderung von Maßstäben«, in: »Aretè«, Vol. 2, 2017, S. 77–94.

14 Martin Nowak, Roger Highfield, »Kooperative Intelligenz – Das Erfolgsgeheimnis der Evolution«, Verlag C.H. Beck, München 2013. Im Vorwort heißt es: »Kooperation agierte während der gesamten Evolutionsgeschichte als die Architektin der Kreativität, die immer neue Geschöpfe hervorbrachte …«

15 »Wir dürfen uns nicht allein auf Impfstoffe fokussieren«, Alexander White im Interview mit Katja Iken, Spiegel Online, 26.11.2020.

16 Klaus Richter, Jan-Michael-Rost, »Komplexe Systeme«, Fischer Taschenbuch, Frankfurt am Main 2015.

17 Pierre-Simon Laplace, »Essai philosophique sur les probabilités«, Cambridge University Press, Cambridge 2009.

18 Jan Cornelius Schmidt, »Das Andere der Natur: Neue Wege zur Naturphilosophie«, S. Hirzel Verlag, Stuttgart 2015, S. 15.

19 Hans Jonas, »Das Prinzip Verantwortung«, Suhrkamp Verlag, Frankfurt am Main 2003.

20 Die Ziele der Agenda 2030 sind etwa auf der Website des Bundesministeriums für wirtschaftliche Zusammenarbeit und Entwicklung abrufbar: www.bmz.de

21 Lewis Wolpert, »Unglaubliche Wissenschaft«, Eichborn Verlag, Frankfurt am Main 2004, S.10 ff.

# Über die Autoren

**Harald Lesch** ist Professor für Theoretische Astrophysik an der Ludwig-Maximilians-Universität
München. Seit vielen Jahren vermittelt er einer
breiten Öffentlichkeit spannendes populärwissen-
schaftliches Wissen, unter anderem moderiert er
»Leschs Kosmos« im ZDF. Er hat, allein oder mit
Co-Autoren, eine Vielzahl erfolgreicher Bücher
veröffentlicht.

**Klaus Kamphausen** lebt als Publizist und Dokumen-
tarfilmer in München. Gemeinsam mit Harald
Lesch veröffentlichte er 2016 »Die Menschheit
schafft sich ab« und 2018 »Wenn nicht jetzt, wann
dann?«.